中国通信学会5G+行业应用培训指导用书

U0193422

5G + 智能制造

中国产业发展研究院　**组编**

主　编　段云峰　杨　旭

副主编　于志勇

参　编　肖　巍　段博雅

主　审　刘红杰

机械工业出版社

本书主要讲述新一代信息技术对传统制造业企业的渗透和冲击，给制造业带来的新的挑战和机遇，以及智能制造技术及系统的发展与变革，系统介绍了5G技术对制造业的影响、智能制造模式的产生和发展，详细介绍了5G关键技术及其如何赋能智能制造等内容。本书着眼于智能制造系统强调的关键技术以及制造技术的新发展等，较全面地阐述了实际系统开发中已采用或正在兴起的技术，涉及面广、内容丰富，既注重系统性和科学性又注重实用性，既有基础综合性阐述又有专门深入的论述。

本书既可供从事智能设计与智能制造、数字化设计与制造、产品设计与开发的研究与工程技术人员参考和普及型培训，也可作为高等院校相关专业的教学参考书。

图书在版编目（CIP）数据

5G + 智能制造 / 中国产业发展研究院组编；段云峰，
杨旭主编. —北京：机械工业出版社，2022.1
中国通信学会5G + 行业应用培训指导用书
ISBN 978 - 7 - 111 - 69942 - 2

Ⅰ.①5… Ⅱ.①中… ②段… ③杨… Ⅲ.①第五代
移动通信系统-应用-智能制造系统-研究 Ⅳ.①TH166

中国版本图书馆 CIP 数据核字（2021）第 266526 号

机械工业出版社（北京市百万庄大街22号　邮政编码100037）
策划编辑：陈玉芝　张雁茹　　责任编辑：陈玉芝　张雁茹
责任校对：朱继文　刘雅娜　　责任印制：郜　敏
三河市宏达印刷有限公司印刷

2022 年 1 月第 1 版·第 1 次印刷
184mm×240mm·12.5 印张·139 千字
标准书号：ISBN 978 - 7 - 111 - 69942 - 2
定价：69.00 元

电话服务　　　　　　　　　　网络服务
客服电话：010 - 88361066　　机 工 官 网：www.cmpbook.com
　　　　　010 - 88379833　　机 工 官 博：weibo.com/cmp1952
　　　　　010 - 68326294　　金 书 网：www.golden-book.com
封底无防伪标均为盗版　　机工教育服务网：www.cmpedu.com

中国通信学会 5G + 行业应用培训指导用书
编审委员会

序　一

以 5G 为代表的新一代移动通信技术蓬勃发展，凭借高带宽、高可靠低时延、海量连接等特性，其应用范围远远超出了传统的通信和移动互联网领域，全面向各个行业和领域扩展，正在深刻改变着人们的生产生活方式，成为我国经济高质量发展的重要驱动力量。

5G 赋能产业数字化发展，是 5G 成功商用的关键。2020 年被业界认为是 5G 规模建设元年。尽管有新冠肺炎疫情影响，但是我国 5G 发展依旧表现强劲，5G 推进速度全球领先。5G 正给工业互联、智能制造、智慧交通、智慧城市、智慧政务、智慧物流、智慧医疗、智慧能源、智能电网、智慧矿山、智慧金融、智慧教育、智能机器人、智慧电影、智慧建筑等诸多行业带来融合创新的应用成果，原来受限于网络能力而体验不佳或无法实现的应用，在 5G 时代将加速成熟并大规模普及。

目前，各方正携手共同解决 5G 应用标准、生态、安全等方面的问题，抢抓经济社会数字化、网络化、智能化发展的重大机遇，促进应用创新落地，一同开启新的无限可能。

正是在此背景下，中国通信学会与中国产业发展研究院邀请众多资深学者和业内专家，共同推出"中国通信学会 5G＋行业应用培训指导用书"。本套丛书针对行业用户，深度剖析已落地的、部分已有成熟商业模式的 5G 行业应用案例，透彻解读技术如何落地具体业务场景；针对技术人才，用清晰易懂的语言，深入浅出地解读 5G 与云计算、大数据、人工智能、区块链、边缘计算、数据库等技术的紧密联系。最重要的是，本套丛书从实际场景出发，结合真实有深度的案例，提出了很多具体问题的解决方法，在理论研究和创新应用方面做了深入探讨。

这样角度新颖且成体系的 5G 丛书在国内还不多见。本套丛书的出版，无疑是为探索 5G 创新场景，培育 5G 高端人才，构建 5G 应用生态圈做出的一次积极而有益的尝试。相信本套丛书一定会使广大读者获益匪浅。

中国科学院院士

艾国祥

序 二

在新一轮全球科技革命和产业变革之际，中国发力启动以 5G 为核心的"新基建"以推动经济转型升级。2021 年 3 月公布的《中华人民共和国国民经济和社会发展第十四个五年规划和 2035 年远景目标纲要》（简称《纲要》）中，把创新放在了具体任务的第一位，明确要求，坚持创新在我国现代化建设全局中的核心地位。《纲要》单独将数字化部分列为一篇，并明确要求推进网络强国建设，加快建设数字经济、数字社会、数字政府，以数字化转型整体驱动生产方式、生活方式和治理方式变革；同时在"十四五"时期经济社会发展主要指标中提出，到 2025 年，数字经济核心产业增加值占 GDP 比重提升至 10%。

5G 作为支撑经济社会数字化、网络化、智能化转型的关键新型基础设施，目前，在"新基建"政策驱动下，全国各省市区积极布局，各行业加速跟进，已进入规模化部署与应用创新落地阶段，渗透到政府管理、工业制造、能源、物流、交通运输、居民生活等众多领域，并逐步构建起全方位的信息生态，开启万物互联的数字化新时代，对建设网络强国、打造智慧社会、发展数字经济、实现我国经济高质量发展具有重要战略意义。

中国通信学会作为隶属于工业和信息化部的国家一级学会，是中国通信界学术交流的主渠道、科学普及的主力军，肩负着开展学术交流，推动自主创新，促进产、学、研、用结合，加速科技成果转化的重任。中国产业发展研究院作为专业研究产业发展的高端智库机构，在促进数字化转型、推动经济高质量发展领域具有丰富的实践经验。

此次由中国通信学会和中国产业发展研究院强强联合，组织各行业众多专家编写的"中国通信学会 5G＋行业应用培训指导用书"系列丛书，将以国家产业政策和产业发展需求为导向，"深入"5G之道普及原理知识，"浅出"5G案例指导实际工作，使读者通过本套丛书在5G理论和实践两方面都获得教益。

本系列丛书涉及数字化工厂、智能制造、智慧农业、智慧交通、智慧城市、智慧政务、智慧物流、智慧医疗、智慧能源、智能电网、智慧矿山、智慧金融、智慧教育、智能机器人、智慧电影、智慧建筑、5G网络空间安全、人工智能、边缘计算、云计算等5G相关现代信息化技术，直观反映了5G在各地、各行业的实际应用，将推动5G应用引领示范和落地，促进5G产品孵化、创新示范、应用推广，构建5G创新应用繁荣生态。

中国通信学会秘书长

前　言

随着我国 5G 商用大幕正式拉开，5G 已成为数字经济转型的关键基础设施，并逐渐向社会各领域扩散与渗透。5G 作为新一代移动通信技术，服务对象从人与人通信拓展到人与物、物与物通信，应用领域从移动互联网扩展到移动物联网，开辟了万物泛在互联、人机深度交互、智能引领变革的新征程。5G 具有媲美光纤的传输速度、万物互联的泛在连接和接近工业总线的实时能力，能满足工业环境下的设备互联和远程交互应用需求。5G 对智能制造的赋能，能够帮助制造业企业摆脱以往无线网络技术较为混乱的应用状态，对推动工业互联网实施以及智能制造转型的实现有积极意义，也是实现网络强国与制造强国的关键驱动力。

在本书编写过程中，我们以国内外最新的研究成果和实践经验来充实本书的内容，并与国家的智能制造战略指导思想融合，以 5G、物联网、大数据、人工智能、智能制造等理念为起点，讲述新一代信息技术对传统制造业企业的渗透和冲击，给制造业带来的新的挑战和机遇，以及智能制造技术和系统的发展与变革，既注重系统性和科学性又注重实用性，既有基础综合性阐述又有专门深入的论述。

本书涉及面广、内容丰富，反映出国家智能制造和新一代人工智能的战略部署及实施情况。本书共 7 章。第 1 章分别从德国"工业 4.0"的智能制造技术、美国工业互联网的智能制造技术和"中国制造 2025"的智能制造技术等角度介绍智能制造模式，并探索 5G 对智能制造的带动和冲击；第 2 章介绍 5G 基础技术和带来的相关应用领域的变革；第 3 章介绍 5G 核心技术；第 4 章介绍智能制造的基础能力和关键技术；第 5 章介绍 5G 如何赋能智能制造；第 6 章介绍5G + 智能制造的场景；第 7 章介绍智能制造过程中重要的关键内容及难点。

本书由段云峰、杨旭任主编，于志勇任副主编，肖巍、段博雅参加编写。罗则敦、郭远威、崔俊、余雍涵、马晓丹为本书多个章节的素材收集工作付出了辛勤劳动，谨在此对他们表示衷心的感谢。

　　本书涉及的范围比较广，讨论的问题比较新也比较复杂，书中难免有不足之处，欢迎广大读者批评指正。

编　者

目　录

第1章 工业发展概述

1.1 从工业4.0说起

所谓工业4.0，是基于工业发展的不同阶段做出的划分。按照目前的共识，工业1.0是蒸汽机时代，工业2.0是电气化时代，工业3.0是信息化时代，工业4.0则是利用信息物理系统（Cyber - Physical System，CPS）、物联网等信息化技术促进产业变革的时代，也就是智能化时代，如图1-1所示。

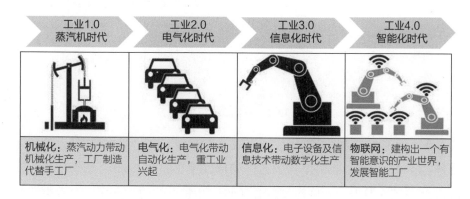

图1-1 工业发展历史

1.1.1 美国工业互联网计划

在美国，"工业4.0"的概念更多被"工业互联网"所取代，尽管称呼不同，但这两个概念的基本理念一致，就是将虚拟网络与实体连接，形成更具有效率的生产系统。与德国工业4.0强调的"硬"制造不同，软件和互联网经济发达的美国更侧重于在"软"服务方面推动新一轮工业革命，希望借助网络和数据的力量提升整个工业的价值创造能力。可以说，美国版的工业4.0实际上就是"工业互联网"革命。而在此过程中，除了美国政府的政策扶持外，行业联盟的率先组建成为发展的重要推手。

美国先是提出工业互联网这一概念，然后由通用电气（GE）、英特尔、思科、AT&T、IBM等美国五家行业龙头企业，联手组建了工业互联网联盟（IIC），将这一概念大力推广开来。美国工业互联网（见图1-2）是个巨大的系统工程，共有九个平台，涵盖五大行业，除了德国人讲的制造行业之外，还有电力、能源、交通、医疗等四大行业。而德国工业4.0，只是美国工业互联网九个平台里面的一个平台，其他八个平台都是德国所没有的。

图1-2 美国工业互联网

工业互联网联盟采用开放成员制，致力于发展一个"通用蓝图"，使各个厂商设备之间可以实现数据共享。该蓝图的标准不仅涉及Internet网络协议，还包括诸如IT系统中数据的存储容量、互联和非互联设备的功率大小、数据流量控制等指标。其目的在于通过制定通用标准，打破技术壁垒，利用互联网激活传统工业过程，更好地促进物理世界和数字世界的融合。

上海交通大学谷来丰教授指出，目前中国举国上下正在搞轰轰烈烈的"互联网+"，而美国则通过工业互联网计划悄悄进入了"新硬件时代"。如今的多轴无人飞行器、无人驾驶汽车、3D 打印机、可穿戴设备、机器人厨师等，都是之前无法想象的东西。谷歌、亚马逊、Facebook 等一大批传统互联网公司，如今都在布局围绕智能硬件的产业。例如：谷歌开始进军无人驾驶汽车、智能机器人领域；亚马逊正在完善多轴无人飞行器来送快递；苹果公司推出智能手表等。随着这些技术的普及，制造业将迎来颠覆性的革命，未来的生产组织形态、用工模式将产生重大变革。

1.1.2　德国工业4.0

2009 年—2012 年欧洲深陷债务危机，德国经济却一枝独秀，依然坚挺，它增长的动力来自其基础产业——制造业所维持的国际竞争力。对于德国而言，制造业是传统的经济增长动力，制造业的发展是德国工业经济增长的不可或缺因素。基于这一共识，德国政府倾力推动进一步的技术创新，其关键词是"工业4.0"。

在 2011 年的汉诺威工业博览会上，德国首次提出工业4.0 的概念，并将其作为国家战略由总理默克尔亲自推动。根据工业4.0 提出的设想，德国将运用互联技术与高度集成化，使工厂的各个生产模块智能化，从而将工厂变为具备自律分散系统的智能工厂，如图 1 – 3 所示。

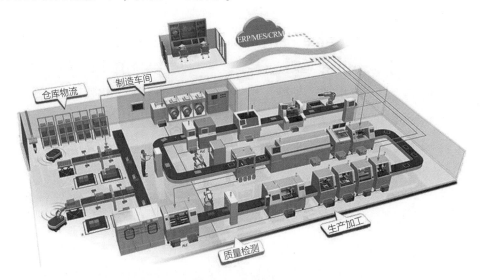

图 1 – 3　智能工厂

德国 2010 年公布的《高科技战略 2020》中，提出了一系列促进制造业发展的创新政策。为使该战略得到具体落实，2012 年德国政府公布题为《十大未来项目》的跨政府部门的联合行动计划，并决定在 2012 年—2015 年向十大项目资助 84 亿欧元。被称为"工业 4.0"的未来项目，与能源供给结构改革、可持续发展等项目同步发展。"工业 4.0"未来项目，主要是通过深度应用信息与通信技术（Information and Communication Technology，ICT），总体掌控从消费需求到生产制造的所有过程，由此实现高效生产管理。"工业 4.0"是从嵌入式系统向 CPS 发展的技术进化。作为未来第四次工业革命的代表，"工业 4.0"不断向实现物体、数据以及服务等无缝连接的互联网（物联网、数据网和服务互联网）的方向发展。

1.1.3 制造业的数据赋能

相对于传统制造工业，以智能工厂为代表的未来智能制造业是一种理想的生产系统，能够智能编辑产品功能特性、成本组成、物流管理、安全管控、时间计划以及可持续性更新等要素，从而为各个顾客进行最优化的产品设计、制造等。

这样一种"自下而上"型的生产模式革命，不但能节约成本与时间，还拥有培育新市场机会的市场空间。

各类平台基本均以满足工业领域海量、实时、复杂、深入的数据分析需求为导向，提供越来越多的基于大数据、深度学习、神经网络的通用算法框架和开发工具，推动平台企业和制造企业联合开展研发工作，进行可视化管理、质量分析优化、预测性维护等工业智能应用，持续提升工业互联网平台对不同工业应用场景的适配能力，顺利推进制造业数字化、网络化、智能化转型升级。

"数据赋能"制造业企业，表现为制造业企业基于组织科学、数据治理工程以及现代信息网络技术等管理方法和软硬件工具，对来自内外部的数据进行收集、挖掘、共享、治理的过程。

"数据赋能"将数据科学、信息技术与制造技术相融合，基于数据、使用数据在制造业企业的各个环节创造价值，推动制造业企业向智能化、服务化、知识化转型，促进制造业企业转型升级，实现制造业创新驱动发展。

对我国来说，制造业企业在信息化建设和数据化程度方面相差很大，总体上由于距离消费者相对较远，因此其互联网化与数据化程度，相较于金融、电信、政府等行业差距还比较大。

当然，其中也有不少领先的代表企业，比如海尔，比较早就部署了相对完善的内部信息系统，涵盖了主要的业务流程，并且比较早地将社交数据中获得的客户反馈融入新产品研发之中，结合了内部和外部数据。

但是，大部分制造企业依然处在信息化起步的阶段，由于人才以及技术能力的欠缺，企业对大数据的意义和价值认识还不够深刻，如图 1 – 4 所示。

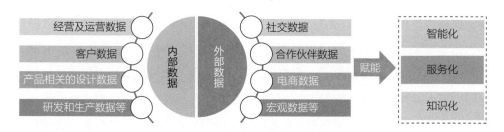

图 1 – 4 制造业的数据赋能

对于制造业来说，可以把数据分为内部和外部两大类。内部数据主要包括经营及运营数据、客户数据、产品相关的设计数据、研发和生产数据等。传统的信息系统处理比较多的是内部数据，以业务流程改进和提升为主要目标，对于机器设备运行的日志数据相对利用较少。外部数据包括社交数据、合作伙伴数据、电商数据以及宏观数据等，这方面数据的开发和利用相对较少。大部分企业不仅内外部数据尚未打通，自己内部的数据也还没有实现整合和标准化，信息孤岛现象也是屡见不鲜。

数据对于制造企业的全流程来说，都可以起到非常积极的作用。例如：从产品设计和研发开始，如果能够非常直接地对接到消费者，对消费者的行为和消费数据进行分析，就可以有针对性地进行相应的产品设计和研发。同时也能够依据消费者对产品的喜好程度和需求量，进行产品的计划和生产的排产，进行定向精准的市场营销，减少相应的库存。同时，线上线下销售数据的协同，对于供应链优化和管理也可以起到重要的作用。在提升对客户的服务水平方面，例如，如何针对不同细分市场的需求，进行全渠道销售的设计规划，数据也会起到重要的作用。

1.1.4　美军带来的反思——拼数量还是拼智能

海湾战争中，美军首次将大量高科技武器投入实战，展示了压倒性的制空、制电磁优势。海湾战争所展示的现代高科技条件下作战的新情况和新特点，给军事战略、战役战术和军队建设等问题带来了众多启示。

战争实质上是参战各方作战效能的竞争，这种竞争不只体现在武器装备的数量和质量上，更体现在作战能量的释放方式上。在进入信息时代之前，机械化战争的作战力量主要以"物质能（量）"为主导，而在信息化作战过程中，掌握较多"信息能（量）"的一方可以拥有战场的控制权和主导权，战争的胜负由拥有及释放的信息能的多少决定。因为信息能具有数字化、集成化、知识化的特点，支配和控制着信息化战场上的全部作战活动。信息化作战的效能释放方式由单纯的武器装备数量的累加变为资源整合、有效配置，使作战效能加倍，如图 1 - 5 所示。

图 1 - 5　基于高科技的智能战争

美国国家人工智能安全委员会（NSCAI）联席会议主席埃里克·施密特（Eric Schmidt）和罗伯特·沃克（Robert Work）预言，到 2040 年，人工智能和机器人将主导战场。届时，美国若不具备强大的人工智能能力，将不仅不能主导战场，甚至会失去传统优势。因为美军即使继续保有舰船、坦克和飞机上的相当大的优势，敌方也可能用大量无人机击溃美军。美军认为，在短期内，对敌方防空任务的压制可能比发展人工智能技术更重要。但从中长期来看，美国应该找到最能支持安全需求的技术组合，并将人工智能技术研发与应用融入国防体系之中。

美军人工智能技术开发和军事运用已经在国防部和各军种之间展开。国防部联合人工智能中心主任宣布的第一个 5 年计划，是"采用云技术建立国防部范围内通用人工智能运行基础"，包括工具、共享数据、可重复使用技术、流程以及专业知识等，以实现快速交付和人工智能功能扩展。未来 5 年投入 17 亿美元，联合美军相关单位和美国 17 家其他机构，共同推进 600 个左右的人工智能项目。美国国防部高级研究计划局宣布启动"下一代人工智能"项目，计划 5 年内投资20 亿美元，用于构建能够进行类似人类交流和逻辑推理的人工智能工具。与此同时，将人工智能发展纳入美国国防部信息化正面计划。2019 年 7 月 12 日，美国国防部发布《国防部数字现代化战略》，在人工智能技术运用方面，明确国防部联合人工智能中心的任务是"加速采用并集成人工智能能力"。

人工智能武器将走向未来战场的"中心位"。"第三次抵消战略"的主要推动者、曾担任过美国国防部常务副部长的罗伯特·沃克指出："利用人工智能技术，可以压缩指挥员在'观察、判断、决策和行动'闭环中的时间，实现多域联合作战指挥和控制的目标，以取得未来战争的制胜权。"

展望未来，人工智能武器在技术成熟和研发量产后，势必会成为军队的"撒手锏"武器，在未来战场上得到更广泛的运用，并发挥不可低估的关键作用。

美国的工业互联网建设，将奠定美军高科技发展的基础，加速美军向人工智能领域的转型进度。

1.2　如何从制造大国向制造强国迈进

1.2.1　中国制造业现状概览

改革开放以来，中国制造业经过四个发展阶段，从以重工业和国有企业为主，到经历出口导向的高速增长，已逐步成为中国国民经济发展的中坚力量。

第一阶段是 1978 年到 20 世纪 90 年代初。改革开放开始，中国开始建立较完整的制造业体系，从以重工业以及国有企业为主，开始快速发展以生产消费品为主的轻工业制造，中国制造业逐渐完善。

第二阶段是 20 世纪 90 年代初到 20 世纪末。在这一阶段外资入华带动中国制造业发展，民营制造业进一步蓬勃发展，已经形成一批龙头企业。1992 年深化改革开放，外国直接投资（Foreign Direct Investment，FDI）增长，出口导向型经济开始蓬勃发展。

第三阶段是 21 世纪初。中国制造开始融入世界，这一时期制造业 FDI 迅速增长，沿海地区众多出口导向型制造企业形成全球竞争力，加入世界贸易组织（WTO）标志着中国制造业进一步融入全球经济。

第四阶段是 2018 年至今。中国经济发展进入新常态，贸易摩擦等原因冲击中国出口，内需将逐渐成为拉动中国制造业增长的主力。

中国制造业是规模效益最为显著的产业，但由于没有建立起适应市场经济要求的、产业集中合理的生产体制，企业组织结构散乱的状况十分突出。中国至今尚未形成一批代表行业先进水平、占有较大市场份额、具有国际竞争优势的大型企业和企业集团，也未能形成一批有技术特色的专业化协作配套的中小企业格局。

中国制造业虽然规模和总量在世界名列第一，但在效益、效率、质量、产业结构、持续发展、资源消耗等方面与工业发达国家还有差距。分析中国制造业发展现状可知，中国制造业必须从规模、速度的发展轨道转向质量、效益的发展轨道，从高速度发展转向高质量发展，才能在第四次工业革命中形成持续发展的能力。现阶段中国制造业面临的主要问题如图 1 - 6 所示。

图 1 - 6   现阶段中国制造业面临的主要问题

1. 劳动生产率及增加值率低

中国制造业的劳动生产率（人均增加值）和增加值率，与美、日等工业发达国家相比存在着差距。中国制造业仍然停留在劳动密集阶段，技术含量低，附加值也低。虽然中国制造业目前发展迅速，但其增加值的总量及人均占有量仍旧与制造业强国有很大距离。

2. 技术创新能力薄弱，缺乏核心技术

缺乏具有自主知识产权的技术和品牌，一直是阻碍中国制造业提高发展水平、国际竞争力和比较经济效益的一个重要因素。目前，中国很多行业的核心技术与装备基本依赖国外，大部分产品没有自主知识产权，基本停留在仿制的低层次阶段；制造业企业技术开发能力和创新能力薄弱，缺乏技术创新的机制和优秀人才，尚未成为技术创新的主体，原创性技术和产品少；产品缺乏足够的竞争力，能够参与国际主流渠道竞争的产品很少。

3. 竞争优势的层次低

目前中国制造业有很多集中在低水平层次上，增值能力有限，附加值较低，以劳动密集型产业居多，高技术产业不足。在中国外贸领域取得领先竞争优势的行业 80% 以上为劳动密集型产业，在高技术领域中，计算机集成制造技术、材料技术、航空航天技术、电子技术的竞争力指数较低，比如电子及通信设备出口大部分是计算机外围设备、电子元件、家用视听设备，属于高新技术产业中的低端产品。

4. 产业组织不合理

"十五"时期以来，钢铁等原材料行业投资和建设规模过度扩张，导致产能过剩；同时，落后生产能力比重大，产业和产品结构不合理。目前制造业产业组织的主要问题是：市场结构依然分散，企业竞争集中于价格竞争；企业进入和退出存在障碍，影响了产业竞争效率的提高；企业规模普遍偏小，具有国际竞争力的大型企业缺乏；合理的分工合作秩序尚未完全形成，企业生产专业化水平较低。

1.2.2　美国、德国制造业对比

在智能制造的战略内容上，德国和美国表现出不同的目的和利益侧重。

1. 德国智能制造战略：工业4.0

其目的是发挥其传统的装备设计和制造优势，进一步提升产品市场竞争力和配套价值，主要关注智能化生产制造能力，通过设备和生产系统的不断升级，将知识固化在设备上。

德国的高端工业装备和自动化生产线是举世闻名的，在装备制造业享有傲视群雄的地位。"德国制造"之所以能够迄今长盛不衰，并在全球化时代始终保持领先地位，主要得益于德国制造业科技创新、标准化建立的体系保障。同时，德国人严谨务实，理论研究与工业应用的结合也最紧密。可以说德国智能制造的核心竞争力是先进设备和生产系统。在德国工业4.0的战略框架中最重要的词是"整合"，包括纵向整合、横向整合及端到端整合，从而将德国在制造体系中所积累的知识资产集成为一套最佳的设备和生产系统解决方案，通过不断优化的生产效率和效益实现领先。我们向德国学习，学的就是"弯道超车"，即打造智能生产系统解决方案。

从科技创新上来讲，德国历届政府十分重视制造业的科研创新和成果转化，着力建立集科研开发、成果转化、知识传播和人力培训于一体的科研创新体系。德国企业对研发投入毫不吝啬，研发经费约占国民生产总值的3%，位居世界前列。从标准化和质量认证体系上来讲，德国长期以来实行严谨的工业标准和质量认证体系，为德国制造业确立在世界上的领先地位做出了重要的贡献。

德国除了在生产现场追求问题的自动解决之外，在企业的管理和经营方面也为尽力减少人为影响因素做出了努力。比如优秀的企业资源计划（ERP）、制造执行系统（MES）、高级计划与排程（APS）系统等软件供应商都来自德国，通过软件自动完成以尽量减少人为因素带来的不确定性。另外，由于德国生产线的高度自动化和集成化，其设备综合效率（OEE）非常稳定，利用数据进行优化的空间也较小。除此之外，德国"学徒制"和一贯理性严谨的民族特征，在德国

制造业中体现得尤为明显。德国还是一个高福利社会，德国的产业结构、薪酬结构决定了一线的工程师、工人有可能被说服老老实实坚持搞工程技术。然而德国对数据的采集缺少积累，缺乏设备预诊与健康管理（PHM）和虚拟测量等质量预测性分析。于是，德国提出了工业4.0，整个框架的核心要素就是"整合"，包括纵向的整合、横向的整合和端到端的整合。所以第四次工业革命中德国的主要目的，是利用知识进一步提升其工业产品出口的竞争力，并产生直接的经济回报。总之，德国工业4.0战略体现在德国开始转向销售智能服务，并将知识以软件或者工具包的形式提供给客户。

2. 美国的智能制造战略：工业互联网

其目的是发挥其传统信息产业优势，进一步提升面向终端用户的体系性服务能力，主要关注智能化体系服务能力及顾客价值创造。

作为第三次技术革命的发源地，美国在信息技术领域的积累深厚，拥有全世界最顶尖的信息技术企业和研发团队。因此，在智能制造诞生伊始，美国就提出了"工业互联网"的概念，将数据的整合和使用作为战略重点，通过制定通用的工业互联网标准，利用互联网激活传统的生产制造过程，促进物理世界和信息世界的融合。

美国智能制造的核心是充分挖掘数据的价值，即利用其在大数据、芯片、物联网、人工智能等"软服务"上的强大实力，实现真正的工厂智能化。其典型案例包括数字化资产管理、预见性维护、数字化业绩管理等。我国向美国学习，学的就是"换道超车"，建立数据采集、传输、管理、分析及应用的物联网架构，用数据驱动工业智能服务的模式创新，成就企业主业以外的新赛道——新兴业务增长点。

美国依靠数据获得新的知识，在解决问题的方式中最注重数据的作用，无论客户的需求分析、客户的关系管理、生产过程中的质量管理还是供应链管理，都大量依靠数据进行。因此，美国产生了许多先进制造的软件和网络。与德国相比，美国在解决问题的方式中最注重数据的作用，无论客户的需求分析、客户关系管理、生产过程中的质量管理、设备的健康管理、供应链管理还是产品的服役期管理和服务等方面，都大量地依靠数据。

除了从生产系统中获取数据以外，美国还在 21 世纪初提出了"产品全生命周期管理"（PLM）的概念，核心是对所有与产品相关的数据在整个生命周期内进行管理，管理的对象即产品的数据，目的是实现全生命周期的增值服务和到设计端的数据闭环。

数据也是美国企业获取知识最重要的途径，它们不仅仅重视数据积累，更重要的是重视数据分析，并且形成了企业决策从数据所反映出来的事实出发的管理文化。除了利用知识去解决问题以外，美国也非常擅长利用知识进行颠覆式创新，从而对问题进行重新定义。例如美国的航空发动机制造业，降低发动机的油耗是需要解决的重要问题。大多数企业会从设计、材料、工艺、控制优化等角度去解决这个问题，然而通用电气发现飞机的油耗与飞行员的驾驶习惯以及发动机的保养情况非常相关，于是就从制造端跳出来转向运维端去解决这个问题，收到的效果比从制造端的改善还要明显。这也就是通用电气在推广工业互联网时所提出的"1% 的力量"（Power of 1%）的依据和信心来源，其实与制造本身并没有太大的关系。

所以美国在智能制造革命中的关键词依然是"颠覆"，这一点从其新的战略布局中可以清楚地看到：利用工业互联网颠覆制造业的价值体系，利用数字化、新材料和新的生产方式（3D 打印等）去颠覆制造业的生产方式。但是，2000 年以来，美国制造业就业人数总体呈下降趋势。美国制造业面临着严重的劳动力供给不足问题。制造业的发展有很多要素，但归根结底是要人去做。美国模式的问题是技术演进会失活（失去活力），创新的基石如果是数据，那么人对创新的干预就会变少，而创新关键却在于人。

1.2.3　如何锻造"制造强国"

我国"十四五"规划提出，坚持把发展经济着力点放在实体经济上，加快推进制造强国、质量强国建设，促进先进制造业和现代服务业深度融合，强化基础设施支撑引领作用，构建实体经济、科技创新、现代金融、人力资源协同发展的现代产业体系，如图 1 – 7 所示。

图 1 – 7　深入实施制造强国战略

同时"十四五"规划"第八章　深入实施制造强国战略"中提出，坚持自主可控、安全高效，推进产业基础高级化、产业链现代化，保持制造业比重基本稳定，增强制造业竞争优势，推动制造业高质量发展。

为推动这一系列宏大愿景的实现，中国企业不仅要进行大刀阔斧的转型与升级，还要铆足精神抢占国际竞争的战略制高点。

如果说转型与升级是在整理和加固既有制造业资源的底基之上重塑我国制造业新的竞争优势，那么抢占全球生产和服务网络中战略制高点则是中国制造业竞争优势的增量再造。前者构成了未来中国制造业"健体"的基础性支撑，后者形成了中国制造业"强身"的关键性牵引。在这里，除了大力发展服务型制造特别是生产性服务业外，中国抢占具有国际产业竞争力的战略制高点还应突出三大地带——智能化制造、绿色制造、人才高地，如图 1 – 8 所示。

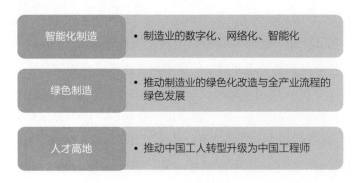

图 1 – 8　中国抢占国际产业竞争力战略制高点应突出的三大地带

1. 智能化制造

智能化制造即制造业的数字化、网络化、智能化。抢占这一战略制高点不仅能够加速我国机械产品向"数控一代"和"智能一代"的发展进程，而且能够使制造业更快地向集成制造发展，全面提升产品设计、制造和管理水平，同时还能大大促进"规模定制"生产方式的发展，深刻改革制造业的生产模式和产业形态。以工业机器人为例，它被看作"制造业皇冠顶端的明珠"，不但能够适应恶劣的条件与苛刻的生产环境，而且能够有效提高产品的精度和质量，显著提高劳动生产率。而最为重要的是，随着技术的成熟和成本的下降，工业机器人即将在工业生产各领域得到广泛应用，从而极大地推动工业生产方式向定制化、柔性化和对市场快速响应的方向发展。

按照《中国制造2025》，我国制造业智能化将分两个阶段推进：2020年前，在优势行业以重点企业为主体开展智能制造应用示范；2020年后，全面推广智能制造。在此基础上，我国将大力发展数控系统、伺服电机、传感器、测量仪表等关键部件和高档数控机床、工业机器人、3D制造装备等关键装备；推进数字化车间、数字化工厂、数字化企业的建立与应用。

2. 绿色制造

绿色制造即推动制造业的绿色化改造与全产业流程的绿色发展。高投入、高消耗、高排放的粗放发展目前依然在我国制造业中大量存在。资料显示，2018年，我国消耗47.2亿t标准煤，其中66%左右用于工业；同时，我国工业排放的二氧化硫、氮氧化物、烟尘粉尘分别约占全国总排放量的86%、44%和85%以上。推进制造业尤其是工业制造业的绿色化改造已迫在眉睫。为此，要在全面推进钢铁、有色金属、化工、建材、轻工、印染等传统制造业绿色改造的基础上，加大绿色产品研发应用的力度，重点推广轻量化、低功耗、易回收等技术工艺，加速落后机电产品和技术的淘汰进程。

国际经验表明，从全生命周期的角度看，工业产品的环境影响约有70%在设计阶段就已决定。因此，从产品的设计环节开始，就必须充分考虑到产品制造的各环节对环境生态和资源能源的影响，将原料选择、生产工艺、消费、有效回收等全生命周期各环节统筹纳入绿色化发展之中。为此，我国应加快建设绿色工厂，发展绿色园区，打造绿色供应链，同时要加快建立以资源节约、环境友好为导向的采购、生产、营销、回收及物流体系。除此之外，还须强化绿色监管，健全节能环保法规、标准体系，推行企业社会责任报告制度，形成一套严整而富有强大约束力的绿色评价体系，由此驱动中国绿色制造体系的全面建立。

3. 人才高地

人才高地即推动中国工人转型升级为中国工程师——制造强国一定是人才强国。按照欧美发达国家高级蓝领工人的比例测算，预计到 2025 年，我国制造业高级蓝领工人的缺口将达到 3000 万 ~ 5000 万人，特别是在操作层面缺乏众多文化素质高、技术精湛的优秀工程师和技术工人。因此，除了按照《中国制造 2025》的要求，培育造就一批优秀企业家和高水平经营管理人才，更应该将高层次、急需紧缺专业技术人才和创新型人才的培养作为人才高地打造的重点。这就需要进一步强化人才激励机制，并在完善各类人才信息库的基础上，建立优良的制造业人才服务机构，健全人才流动和使用的体制机制。

制造业物化了最新的科技成果，良好的科研创新与技术发明环境是留住和培养人才的关键。资料显示，2020 年我国研发投入占 GDP 的比重为 2.4%，而发达国家在 3% 以上；与此同时，2020 年美国企业研发投入达 3477 亿欧元，中国仅为 1188 亿欧元，美国研发经费支出是中国的 2.9 倍。这样的技术投入环境已经形成了对技术人员创新热情与能力提升的重大约束。我们需营造全社会敢于冒险和敢于挑战权威的创新与开放思维，塑造人才脱颖而出的基本人文生态与精神风貌。

1.2.4　制造业皇冠——飞机发动机的故事

下面以飞机发动机这个工业产品为例，我们看看制造业的核心技术有哪些？同时也理解一下制造业的复杂程度，便于后续理解 5G + 制造业的重要意义。

作为制造业皇冠——飞机发动机的发展史分为 3 个时期。

1. 活塞式发动机统治时期

人类自古以来就幻想像鸟一样在天空中自由飞翔，也曾做过各种尝试，但是多半因为动力源问题未获得解决而归于失败。到19世纪末，在内燃机开始用于汽车的同时，人们即联想到把内燃机用到飞机上去作为飞机飞行的动力源，并着手这方面的试验。

1903年，莱特兄弟把一台4缸、水平直列式水冷发动机改装之后，成功地用到他们的"飞行者一号"飞机上进行飞行试验。首次飞行的留空时间只有12s，飞行距离为36.6m。但它是人类历史上第一次有动力、载人、持续、稳定、可操作的重于空气飞行器的成功飞行。

在两次世界大战的推动下，活塞式发动机（见图1-9）不断改进完善，得到迅速发展，第二次世界大战结束前后达到其技术的顶峰。发动机功率从近10kW提高到2500kW左右，飞行高度达15 000m，飞行速度从16km/h提高到近800km/h，接近了螺旋桨飞机的速度极限。

图1-9 活塞式发动机

2. 喷气式发动机推进新时代

喷气式发动机是一种直接反作用推进装置。低速工质（空气和燃料）经增压燃烧后以高速喷出而直接产生反作用推力。由于喷气式发动机没有了限制飞行速度的螺旋桨，而且单位时间流入发动机的空气流量比活塞式发动机大得多，从而能产生很大的推力，使飞机的飞行速度得到极大的提高。与喷气式发动机原理有关的研究已有久远的历史，中国古代的火箭和走马灯就是喷气推进和涡轮机原理的体现。

　　早期的涡轮喷气式发动机（见图 1 - 10）和飞机尚处于试验阶段，在第二次世界大战中并没有发挥多大的作用，到战后特别是 20 世纪 50 年代才获得迅速的发展。

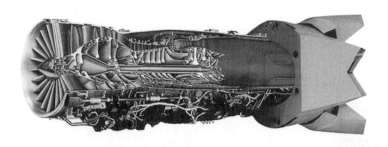

图 1 - 10　涡轮喷气式发动机

　　战后第一批装备部队使用的喷气式战斗机是 1944 年美国制造的 F - 80 和 1946 年苏联制造的米格 - 9，飞机为平直梯形机翼，发动机推力为 8000 ~ 9000N，飞行速度达 900km/h 左右。飞机速度达到声速以后，为了突破"声障"，在涡轮喷气式发动机上加装了加力燃烧室，它可以在短时间内大幅度提高推力。以后，战斗机继续向高空高速发展。1958 年美国推出 F - 104 战斗机，最大飞行马赫数达到 2.2，实用升限达 17.68km。动力来自 J79 单转子加力式涡轮喷气式发动机，最大推力达 70 200N，推重比为 4.63。涡轮喷气式发动机在军用战斗机上广泛应用的同时，也被其他机种所选用。首先是轰炸机，随后是运输机、旅客机和侦察机。

　　涡轮喷气式发动机有一个致命的缺点，就是耗油率太高。涡轮风扇发动机既能克服这个缺点又保有它原有的优点。涡轮风扇发动机与涡轮喷气式发动机的区别在于低压压气机变成叶片的风扇，风扇出口气流分成两股通过内外两个环形涵道流过发动机。内涵与前述涡轮喷气式发动机的情况相同，外涵空气经过涵道直接排出，或在低压涡轮后与主流混合后经喷管排出，或加力补燃后排出。在核心相同的条件下，由于涡轮风扇发动机总空气流量大，排气速度低，因此与涡轮喷气式发动机相比，推力大，推进效率高，耗油率低。涡轮风扇发动机实质上仍属于直接反作用式涡轮喷气式发动机。

涡轮风扇发动机诞生于 20 世纪 50 年代，首先用于民用飞机，随后扩展到军用飞机。20 世纪 60 年代出现涡轮风扇热潮，70 年代—80 年代发展提高、广泛应用，90 年代以后高度发展，取代涡轮喷气式发动机成为军民用飞机的主动力和航空推进技术研究发展的主要方向。世界上第一台运转的涡轮风扇发动机是德国戴姆勒 – 奔驰研制的 DB670（或 109 – 007），于 1943 年 4 月在实验台上达到 8232N 的推力，但因技术困难及战争原因没能获得进一步发展。世界上第一种批量生产的涡轮风扇发动机是 1959 年定型的英国康维，推力为 57 300N，用于 VC – 10、DC – 8 和波音 707 客机。

3. 涡轮螺旋桨发动机和涡轮轴发动机的时代

在涡轮喷气式发动机蓬勃发展的过程中，驱动飞机螺旋桨和直升机旋翼的动力也实现了涡轮化，派生出两种新型航空燃气涡轮发动机——涡轮螺旋桨发动机和涡轮轴发动机。它们的工作原理基本相同，都是靠动力涡轮把燃气发生器出口燃气中的绝大部分可用能量转变为轴功率，通过减速器驱动螺旋桨或旋翼。它们与活塞式发动机相比，重量轻、振动小、功率重量比大。

发动机是飞机的心脏，有了适用的航空发动机，才实现了真正的有动力、可操纵的载人航空飞行。随着航空发动机的更新换代，军民用航空器一代一代地向前发展。

现代航空飞行器技术之所以发展得如此迅速，可以说与现代科技技术在飞行器上的应用有紧密的联系。这其中，飞行器的核心——发动机，就堪称推进飞行器技术进步的核心驱动。航空发动机非常重要，有很多国家将其比作现代工业皇冠上的明珠，那么它到底特殊在哪里呢？

应该说，它最特殊的恐怕就是其门槛太高了。俗话说，物以稀为贵，当一门技术掌握在少数人或者是少数国家的手中，而其他国家又必须要这门技术所生产的商品时，这门技术就非常吃香，别人掌握不了，它就很重要。航空发动机之所以重要，那就是因为很多国家根本不具备制造航空发动机的能力。其主要原因是，航空发动机集成了现代工业中的很多尖端技术，系统设计非常复杂，航空发动机与国家的冶金、橡胶、石化、轻工、电子、机械等基础工业部门关联度很高，它的制造代表着一个国家的综合工业能力。要制造一台高性能的航空发动机，必须要经过以下关卡。

第一个关卡是发动机的耐高温问题。现代喷气式发动机与以往的螺旋桨发动机有着本质的区别，通常都采用的是燃气涡轮发动机。为了产生更多的功，需要不断增加发动机的燃气温度，而我们大多数金属的熔点通常都在1500℃左右，超过这一温度，机器就可能熔化。为了获得大量的功，人们使用合金来解决燃气温度提升后的问题。这种合金重量轻，同时因为耐高温，可以极大地提高发动机的推重比，是发动机技术的关键所在，航空大国对这项技术可以说是守口如瓶。

第二个关卡是材料与制造工艺的问题。航空发动机是一个极其精密的仪器，其内部极为复杂精密，对装配的要求非常高，必须做到零差错。组成发动机的材料在强度和硬度上如果不过关，发动机的性能也随之下降。因此，即便是某设计出强大的发动机，国家的材料与制造工艺不行，仍然生产不出发动机。

第三个关卡是航空发动机的可靠性要求非常高。不同于地面上车辆使用的发动机，航空发动机的可靠性要求非常高。其主要原因就在于，飞机在飞行中绝对不可能停机维修，如果空中发动机发生故障，则极有可能造成机毁人亡的后果。目前，航空发动机每百万飞行小时的空中停车率只允许为2~5次，这种要求几乎不可能达到，不是其他任何工业产品可以比拟的。因此，即便是某国家设计出来了发动机，可靠性不合格，仍然是废铁一堆。

此外，航空发动机的研制难度非常高，对试验和高性能的设施依赖性很强。航空界就有"航空发动机是试出来的"这一说法。其研制遵循研究—设计—试验—修改设计—再试验的反复迭代过程，程序极其复杂。即便设计出来，一般也需要10万h的零部件试验和1万h的整机试验，任何一个环节出现哪怕是一个小问题，都可能造成试验的失败。因此，航空发动机将大多数国家挡在门外也就不奇怪了。

1.3 中国制造 2025 的技术基础

1.3.1 制造业升级的必然性

加快建设制造业强国，加快发展先进制造业，支持传统产业优化升级是我国未来几年经济发展的重点。当前，世界各国在制造业领域的竞争日益加剧，我们必须看清世界经济发展的趋势，明确自身发展的优势，才能真正推动我国在制造业转型升级上的快速发展。中国要从制造大国转变为制造强国，应在发挥传统比较优势的同时，努力培育基于科技创新和人力资本的新竞争优势，推动产业结构升级，目前中国制造业到了转型升级的关口。经历了 30 多年的高速发展，中国制造业依靠低成本和廉价劳动力的时代结束了。无论是欧债危机和发达国家重回制造业的外部压力，还是中国经济发展的内在规律，都决定了中国制造业必须寻找新的增长方式。根据中央的战略部署以及国家工业和信息化发展的客观要求，我们应当坚持走中国特色新型工业化道路，按照构建现代产业体系的本质要求，围绕转型升级的关键要素，加快转变制造业发展方式，创造中国制造业的新一轮增长。这是中国制造业必需的战略选择。

从国内的现实状况来看，继续依靠政府投资、出口退税支持和人为压低生产要素成本，以在日益激烈的市场竞争中获得利润的传统经济增长模式已难以为继。制造业结束了粗放式的发展模式，企业必须考虑在要素成本的刚性上涨、环境治理成本增加等因素的前提下，争夺更大的利润空间。产能严重过剩，造成工业产品消化难度加大。为此，只有采取创新性重大措施，通过加快实施"互联网 +""中国制造 2025"等，将创新驱动战略落到实处，制造业转型升级才能尽快取得突破性进展。

在国际方面，我国面临的产品技术竞争以及市场竞争日趋激烈。特别是在金融危机之后，欧美发达国家开始将目光重新聚焦于对高技术产业及实体经济发展的引导和支持，但无论是出于推动本国技术变革，继续抢占制高点的目的，还是基于拓展新兴市场的考虑，这都给我国制造业可持续发展带来了巨大的压力。在错失了前三次工业革命之后，如果不能迅速实现转型升级而错失本次技术进步以及产业变革的机遇，中国制造将继续在国际竞争中处于劣势，并最终影响我国的工业现代化进程。

1.3.2　制造业升级的途径

国际制造业竞争日趋激烈，中国制造业要以构建现代化产业体系与强国目标为指引，加快推进制造业质量革命、数字革命、服务革命、供应链革命、绿色革命，推进全球资源高效配置。制造业升级七大途径如图 1-11 所示。

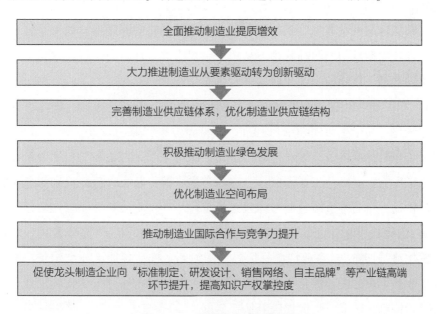

图 1-11　制造业升级七大途径

1) 全面推动制造业提质增效。推动高品质、高性能、高科技含量、高附加值、有良好体验、绿色低碳的新产品、新服务、新技术发展。围绕着"降低成本、提高效率、增强市场反应能力"的要求，通过数字化、网络化、智能化手段对价值链不同环节、生产体系与组织方式、产业链条、企业与产业间合作等进行全方位赋能。完善传统标准、计量、认证认可、检验检测体系，健全企业质量管理体系，提高全面质量管理水平。

2）大力推进制造业从要素驱动转为创新驱动。以"数字化、智能化、绿色化、平台化、共享化"等新技术新理念新模式推动产品创新、技术创新、商业模式创新、管理创新、制度创新、服务创新、流程创新、营销创新、组织创新、品牌创新和市场开拓等组合的多维度多层次创新体系构建，形成有利于创新的市场环境、营商环境、政策环境和激励机制。

3）完善制造业供应链体系，优化制造业供应链结构。以重点制造企业供应链为抓手，深入分析供应链的各类主体、战略资源、变革趋势等关键因素，针对供应链核心问题与重大缺陷，进行战略性的系统设计与规划，着力完善和优化供应链体系与结构。引导与推动制造企业从传统职能管理转向流程协同管理，从线式链式结构转向网状非线性式结构，从分立式关系转向深度融合式关系，从简单粗放管理转向精准用户驱动管理，从单一组织内部管理转向跨组织、跨平台、跨体系协同管理，从纵向一体化转向平台生态化。

4）积极推动制造业绿色发展。从设计、原料、生产、采购、物流、回收等全流程强化产品全生命周期绿色管理。支持企业推行绿色设计，开发绿色产品，完善绿色包装标准体系，推动包装标准化、减量化、无害化和材料回收利用。建设绿色工厂，发展绿色工业园区，打造绿色供应链，开展绿色评价和绿色制造工艺推广行动，全面推进绿色制造体系建设。

5）优化制造业空间布局。按照"有所为、有所不为""充分发挥比较优势与后发优势""形成自身独特竞争优势"的思路，推动各地区找准定位，选择好主导产业和主攻方向，深化地区间分工合作，融入国内外分工体系，形成地区特色、中国特色，形成一批世界级制造业集群。

6）推动制造业国际合作与竞争力提升。着眼于构建人类命运共同体，实现中国与世界各国的共同发展，将中国与世界的资源网络、生产网络、创新网络、知识网络、贸易网络、物流网络紧密联在一起，合理布局支撑中国发展的全球网络，构建中国的全球化体系。

7）促使龙头制造企业向"标准制定、研发设计、销售网络、自主品牌"等产业链高端环节提升，提高知识产权掌控度。从优化全球供应链角度，积极推进各制造业构建以本土龙头企业为核心，上下游相关企业共同协作、良性互动的高效供给体系。培育打造一批具有世界影响力的企业集团，加快培养国际细分市场领域竞争力强的"专精特"中小企业群体。

1.3.3 《中国制造 2025》的主要内容

《中国制造 2025》是中国政府实施制造强国战略第一个十年的行动纲领。《中国制造 2025》提出，坚持创新驱动、质量为先、绿色发展、结构优化、人才为本的基本方针，坚持市场主导、政府引导，立足当前、着眼长远，整体推进、重点突破，自主发展、开放合作的基本原则，通过"三步走"实现制造强国的战略目标。

《中国制造 2025》的主要内容可以概括为"一二三四五五十"的总体结构。

"一"就是从制造大国向制造强国转变，最终实现制造强国的一个目标。

"二"就是通过两化融合发展来实现这一目标。党的十八大提出了用信息化和工业化两化深度融合来引领和带动整个制造业的发展，这也是我国制造业所要占据的一个制高点。

"三"就是要通过"三步走"，大体上每一步用十年左右的时间来实现我国从制造大国向制造强国转变的目标。

"四"就是确定了四项原则。第一项原则是市场主导、政府引导。第二项原则是立足当前、着眼长远。第三项原则是整体推进、重点突破。第四项原则是自主发展、开放合作，如图 1－12 所示。

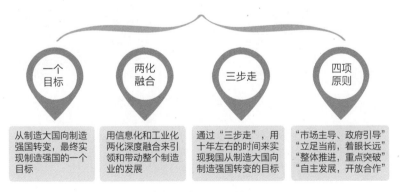

图 1－12 《中国制造 2025》的"一二三四"

"五五"就是有两个"五"。第一就是有五条方针，即创新驱动、质量为先、绿色发展、结构优化和人才为本。还有一个"五"就是实行五大工程，包括制造业创新中心建设工程、智能制造工程、工业强基工程、绿色制造工程和高端装备创新工程，如图1-13所示。

图1-13 《中国制造2025》的五条方针和五大工程

"十"就是十个领域，包括新一代信息技术产业、高档数控机床和机器人、航空航天装备、海洋工程装备及高技术船舶、先进轨道交通装备、节能与新能源汽车、电力装备、农机装备、新材料、生物医药及高性能医疗器械等十个重点领域，如图1-14所示。

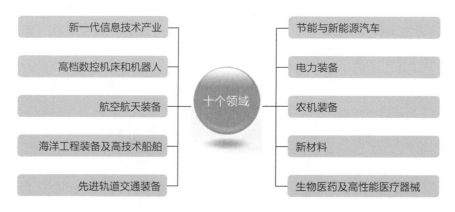

图1-14 《中国制造2025》十个领域

第2章

5G 发展概述

2.1 5G 及国际发展情况

5G 通信作为最新一代通信技术，正快速渗透到各个垂直行业，引发数字化、智能化变革，驱动数字经济高速发展。5G 通信产业已成为全球数字经济和智能世界发展的基石，将对所有产业产生积极影响。

作为全球网络模式的发展方向，5G 网络将会在实现网速升级的同时，对人工智能、工业自动化等高科技产业起到积极促进作用，因此谁要是在 5G 革命中占据优势，那么这个国家也会在 5G 时代的竞争中拔得头筹。

2.1.1 中国 5G 的进展情况

2017 年 11 月，我国国家发展和改革委员会发布《关于组织实施 2018 年新一代信息基础设施建设工程的通知》，该通知计划在 2018 年，有不少于 5 个城市开展 5G 网络建设，每个城市 5G 基站的数量要求不少于 50 个。随着我国通信企业的不断发展，5G 技术在我国得到了稳步前进，其发展态势处于快速上升的阶段。2018 年年底，我国工信部正式向外界宣布为中国电信、中国移动、中国联通三大运营商发放 5G 系统中低频段试验频率，中国电信获得 3.4 ~ 3.5GHz 频段资源，中国移动获得 2.515 ~ 2.675GHz、4.8 ~ 4.9GHz 频段资源，中国联通获得

3.5~3.6GHz 频段资源（见图2-1），这一举动进一步推动了我国5G产业链的成熟与发展；2019年6月6日，中国电信、中国移动、中国联通、中国广电获得5G商用牌照；2019年11月1日，中国5G商用启动，三大运营商也发布了各自的5G商用套餐。

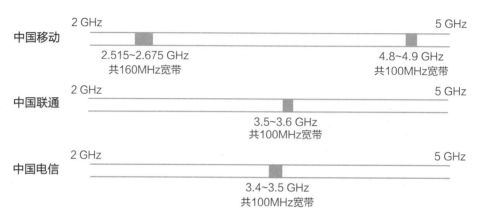

图2-1 三大运营商5G频段

5G商用牌照发放以来，我国5G网络基础设施建设稳步推进。截至2020年9月14日，基础电信企业已建成5G基站超过50万个，5G终端连接数已突破1亿。除了5G建设加快落地，5G应用创新也在加快。目前，5G已在港口、机械、汽车、钢铁、矿业和能源等行业和领域的应用领先发展，在工业互联网、车联网、医疗、教育等重点领域的应用正加速推进。以工业互联网为例，2019年，我国工业互联网产业规模已达到2.13万亿元，预计2025年，这一数字将突破5万亿元。

此外，国内的通信产业也在不断崛起，美国信息处理服务有限公司（IHS）曾分析指出，中国将在5G建设中占据主要地位，而且中兴、华为等中国厂商将在5G的主要技术领域中保持领先地位。目前华为已获得了超90份来自全球范围的5G商用合同订单，中兴也与多个全球范围内的运营商建立了合作关系，再加上紫光、联发科等国内企业的不断发展，中国在5G领域的实力已不容小觑。

在2020世界互联网大会上，《世界互联网发展报告2020》和《中国互联网发展报告2020》发布。从中可以得知，从2020年起，全球的5G网络将有30%

采用中国的通信技术。中企在全球 5G 市场扮演了重要角色，其中华为排名第一，中兴排名第三。

2.1.2　美国、欧洲 5G 的进展情况

美国作为当今世界的头号大国，同样加入 5G 移动通信技术的研究与发展中。由于美国在发展 5G 技术的过程中，选择了使用高频段的频谱作为 5G 的通信频段，而对于高频段来说，尽管美国有较大的优势，但实际的开发难度巨大，其应用的速度缓慢，导致发展的前景不乐观。同时，要实现美国本土的 5G 网络全覆盖，需要改造和构建新的发射基站，这一过程需要耗费巨大资金。美国不断打压我国的华为公司，阻碍其 5G 的发展。

市场研究机构 Opensignal 的一份报告显示，在对全球部分国家和地区的 5G 网速调查中，美国的 5G 典型数据速率仅为 50.9Mbit/s，在所有进行调查的国家和地区中倒数第一。除了 5G 网速缓慢，作为最早宣布发行 5G 网络的国家之一，美国用户似乎也对该国 5G "不感冒"。华尔街投资银行 Jefferies 提供的数据显示，截至 2020 年 7 月中旬，美国 5G 用户数量仅为 408.2 万户。相比之下，有数据显示，截至 8 月底，中国的 5G 用户数量总计已超过 1.1 亿户。

欧盟最早投资研发和构建 5G 通信技术，相关的委员会表示希望在新一轮的移动通信技术发展方面能够占据领先的地位，以此来打破之前在移动通信行业中与亚洲其他国家竞争时的不利局面，一直在鼓励和支持欧洲各国大力发展和研究 5G 技术。但是，实际的情况却不尽如人意，甚至进行得十分缓慢，主要是由于其频谱资源相对匮乏、基站设备比较少、监管又十分严格，这些客观因素压制着各大运营商对 5G 的投资动力，从而导致其发展和研究的进展变得十分缓慢。另外，欧洲各国的发展水平也呈现较大的差距，其中，瑞典、挪威、芬兰、丹麦、冰岛这 5 个欧洲国家在对 5G 移动技术的建设上处于领先地位，2018 年，一同签订了一份 5G 合作协议，希望成为世界上第一个实现 5G 互联的地区。

根据欧洲工业圆桌会议（ERT）发布的评估报告，欧洲商用 5G 方面目前只有不到一半的欧盟成员国在运营服务，在 5G 大规模商业服务方面比其他地区要

慢。尽管欧洲拥有两家全球领先的移动基础设施公司，并积极参与该技术的全球推广，但欧洲仍远远落后于其他世界地区。在活跃于 5G 的欧盟成员国中，每百万人口中仅部署了 10 个 5G 基站。欧盟 27 国中有 2/3 尚未分配中低频带（3～5GHz）频谱，而韩国和中国分别在 2018 年 6 月和 2018 年年底分配了该频谱。总体而言，目前只有 13 个欧盟成员国启动了 5G 商业服务，对于欧洲来说，未来在建设和发展下一代 5G 移动通信技术的过程中仍然存在许多阻碍和困难，这些不解决，其发展的进程会继续受阻。

2.1.3 5G 重构信息社会的"高速公路""石油""蒸汽机"

1992 年，美国副总统艾伯特·戈尔提出美国信息高速公路法案。1993 年 9 月，美国政府宣布实施一项新的高科技计划——"国家信息基础设施"（National Information Infrastructure，NII），旨在以因特网为雏形，兴建信息时代的高速公路——"信息高速公路"，使所有的美国人方便地共享海量的信息资源。

从 3G 网络通信技术的普及开始，世界便由"互联网时代"开始进入"移动互联网时代"。与之相应的，"信息高速公路"的定义也开始从宽带领域扩展到了移动宽带领域。而自 2007 年以来，我国以 BAT⊖为代表的互联网企业的飞速发展，也与 3G 网络的建设和"移动互联网时代"的到来有着密切的联系。

即将到来的 5G 时代，将使万物互联，进入一个万物都能够发现、倾听、感知、预测人类需求的智能世界。在通向 5G 的道路上，数十亿移动设备将与人工智能、自动驾驶、纳米技术等跨界融合，带来一场前所未有的创新革命。5G 的影响力将不亚于当初电力的发明和应用，它将成为一种"通用技术"，成为世界经济发展的新引擎。

"5G 的重要性，就像蒸汽机之于第一次工业革命。"随着大数据、人工智能以及物联网等技术及相关产业的飞速发展与普及，人们才猛然意识到，当比 4G 强上数倍的 5G 技术真正到来的那一天，没人可以准确地预料出相关技术、产业

⊖ BAT 为 Baidu（百度）、Alibaba（阿里巴巴）和 Tencent（腾讯）的简称。

能够发展到什么程度。5G 技术便是能够撬动由大数据、人工智能、物联网组成的庞大"机械"运行的"杠杆",是"蒸汽机",是"石油"。

2.2　5G 剪掉的不仅是机器的尾巴

2.2.1　从有线通信到无线通信

人类文明关于"电"的发现和研究可追溯到 2000 年以前,自 100 多年前亚历山大·贝尔发明电话开始,"电力"向通信方向的应用正式拉开帷幕。贝尔发明电话的 20 年后,人类历史上出现了首次无线电通信(见图 2 - 2),虽然距离只有 30m,但此后关于"通信传输"的研究历程也在不断推进与发展。

图 2 - 2　首次无线电通信——电报机

有线通信起源于 19 世纪的电报和电话系统,最初使用有线电缆作为电信号的传输介质。19 世纪 30 年代莫尔斯发明了电报,70 年代贝尔等人发明了电话。电报和电话系统从 19 世纪后半叶开始飞速发展,通信的地理范围越来越大。19世纪 60 年代建设的跨洋电报电缆,极大地便利了欧洲和美洲之间的生活和商业等方面的信息传递。而 20 世纪中期的跨洋电话电缆则为之后的互联网大发展奠定了链路基础。20 世纪 70 年代起,传递光信号的光纤技术开始应用和发展,进一步提高了信息传输的速率和距离,随后逐步取代铜缆的地位,成为有线通信的主要传输介质。

无线通信是从 19 世纪电磁波理论建立以来基于电磁信号和传播理论的通信技术。19 世纪 70 年代麦克斯韦在电与磁之间建立了明确的数学关系，并从理论上预测了电磁波的存在，80 年代赫兹使用振荡器证明了麦克斯韦的预测，90 年代马可尼则用电磁波实现了无线电报的跨洋传送，从而开启了无线通信的实用时代。无线通信不受铺设线缆的束缚，更为灵活。最早的广播电视系统也是使用无线技术进行图像传输的。20 世纪中叶无线通信被应用在卫星通信当中，而无线通信最广泛的应用是开始于 20 世纪后期的移动通信系统。

电话发明后的很长一段时间，有线通信与无线通信都保持无交集的状态各自发展。有线通信实现将声音信号转变为电信号，通过电线传播最后再转化成声音信号的过程。从人工交换机发展到自动电话交换机至 20 世纪 50 年代晶体管的发明，电话传输交换机中开始引入电子技术。1970 年，法国开通了世界上第一个程控数字交换系统 E10，标志着人类开始了数字交换的新时期。

无线通信发展以无线电报的使用为开端，这种"一对多"的信息传输方式也被称为单向通信。第二次世界大战期间，贝尔实验室推出了多款军用步话机，实现了数十千米远距离无线传输。到了 20 世纪 70 年代，无线通信发展大爆发，摩托罗拉公司研发出了真正意义上的移动话机——手机，如图 2 - 3 所示。

图 2 - 3 第一代手机

手机的发明，标志着人类敲开了全民通信时代的大门，也标志着无线通信开始了对有线通信的反超。

从 1G 到 4G，从用户的角度来说，1G 出现了移动通话，2G 普及了移动通话，2.5G 实现了移动上网，3G 到如今的 5G 都是实现了更快速率的上网，如图 2 - 4 所示。

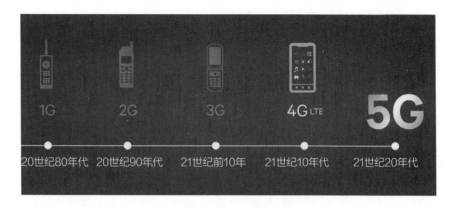

图 2-4 5G 已来

但真正意义来说，现在是人联网时代和物联网时代的转折点，将来是万物互联的世界。

2.2.2 5G 的带宽满足机器通信需求

2017 年，在北京怀柔开展的中国 5G 技术研发试验无线技术第二阶段测试中，在对 C - Band 的测试中，利用 200MHz 带宽，通过 5G 新空口及大规模多入多出等技术进行测试，小区峰值超过 20Gbit/s，空口时延在 0.5ms 以内，单小区大于 1000 万个连接。和传统的移动通信技术相比，5G 将进一步提升用户体验：在容量方面，5G 通信技术将比 4G 实现单位面积移动数据流量增长 1000 倍；在传输速率方面，单用户典型数据速率提升 10～100 倍，峰值传输速率可达 10Gbit/s（相当于 4G 网络速率的 100 倍）；端到端时延缩短为原来的 1/5；在可接入性方面，可联网设备的数量增加 10～100 倍；在可靠性和能耗方面，每比特能源消耗降至原来的千分之一，低功率电池续航时间增加 10 倍。

5G 大幅改善了移动连接速率、峰值速率（从 1Gbit/s 提升到 10～20Gbit/s）和用户体验速率（从 10Mbit/s 提升到 100Mbit/s～1Gbit/s），在保证广覆盖和移动性的前提下为用户提供更快的数据传输速率。5G 主要应用场景有智能手机、虚拟现实/增强现实（VR/AR）、4K/8K 超高清视频等。可以想象，在这样的传输速率下，数据放在终端还是云端已经几乎没有区别，完全能够满足机器通信的需求。1G 到 5G 的发展历程如图 2 - 5 所示。

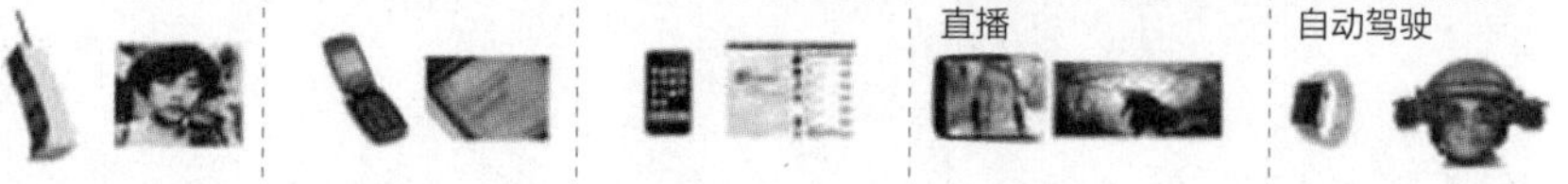

	1G	2G	3G	4G	5G
	20世纪80年代	20世纪90年代	21世纪前10年	21世纪10年代	21世纪20年代
	语音	短信	上网、社交应用	在线游戏、视频、直播	VR、物联网、自动驾驶
制式	AMPS、TACS	GSM、CDMA	WCDMA、CDMA2000 TD-SCDMA	TD-LTE、FD-LTE	标准尚在制定中……
速率	2.4kbit/s	>9.6kbit/s	>384kbit/s	100Mbit/s	>1Gbit/s
特点	成本高、体积大、稳定性、保密性差，模拟通信，只提供语音业务	数字化、提升容量，稳定性、保密性较好，提供语音、短信等业务	大容量、高质量，较好地支持语音、短信和数据，频谱利用率较高	全IP、速率快，频谱效率高，高服务质量（Qos），支持图像、视频等多业务	高频、大容量、高速率、低时延、广连接，支持VR/AR、物联网、工业控制等多场景

图 2 - 5 1G 到 5G 的发展历程

2.2.3 5G 的时延满足机器控制需求

5G 定义的场景和需求里面，超可靠低时延通信（URLLC）应用场景提及端到端 1ms 时延，低时延主要满足一些特殊场景，相关标准组织提到的主要场景是自动驾驶。例如，自动驾驶场景中，速度为 100km/h 时，1ms 移动距离约 3cm，3cm 的移动距离对自动驾驶来说时没有必要的，对安全性也没有威胁。相对而言，比较符合应用实际的 S1 接口单向时延 10ms，分解到传输网时延为 2ms，X2/ex2 接口单向时延 20ms，分解到承载网时延为 4ms，所以传输网络以 2 ~ 4ms 的低时延考虑较为合理。

5G 低时延需要为用户提供毫秒级的端到端时延和接近 100% 的业务可靠性保证，它的这种可靠性满足了机器控制需求。譬如对于自动驾驶中的车辆而言，为了即时处理车辆周边的路况信息以及车辆前方突发情况的信息，就需要极小的时延和高度可靠的网络来保障。低功耗大连接和低时延高可靠性主要面向的物联网业务是 5G 新拓展的场景。低功耗大连接主要面向智慧城市、环境监测、智能农业、森林防火等以传感和数据采集为目标的应用场景，具有小数据包、低功耗、海量连接等特点。这类终端分布范围广、数量众多，不仅要求网络具备超千亿连接的支持能力，满足 100 万/km² 连接数密度指标要求，而且还要保证终端的超低功耗和超低成本。低时延高可靠性主要面向车联网、工业控制、远程医疗、远程控制等垂直行业的特殊应用需求，这类应用对时延和可靠性具有极高的指标要求，为用户提供毫秒级的端到端时延和高可靠性的业务保证，如图 2-6 所示。

图 2-6　5G 应用场景

2.2.4　5G 改变了机器控制和思考的模式

在研发机器人的过程中，网络延迟一直是急需解决的主要问题之一。系统从接收指令到完成指令处理的时间过长，就会导致计算和执行某个动作之间间隔太大，会形成人们眼中的"动作卡顿"。迄今为止，给机器人传输大量数据的最佳方法仍然是通过有线连接的方式。幸运的是，随着 5G 技术的诞生，让机器人脱离有线传输的束缚变成了可能。

5G 超越了传统通信技术的范畴，与 4G 相比，它具有广连接、低时延、大带宽的天然优势。通过 5G 技术，可以将机器人连接到云端进行操作。机器人将不再受到传输速度限制，而是作为执行终端与控制中心实时联网，支持任意时间对机器人下达任务，后台可以通过音视频等感知端对机器人进行全程跟踪，实时掌控它的工作轨迹及状态，并可对执行的任务进行任意中断、恢复、调整等操作，实现前所未有的柔性与灵活操作。同时还能引入人工智能技术和云计算，使用机器学习技术来找到机器人在环境中执行任务和导航的最佳方式。

万物皆计算是 5G 时代的基本规则，而人工智能正是对此规则的典型诠释。目前，人工智能与安防、金融、交通、教育、医疗等领域融合逐渐加深，应用场景逐渐趋于广泛。深度学习、语音识别、人脸识别等技术往往基于云端服务器进行数据训练与推理。随着 5G 网络的建设，云端与手机终端的时延逐渐缩短，数据速率提高，将使得用户体验随之极大提升。

5G 时代，人类将进入一个移动互联、智能感应、大数据、智能学习整合起来的智能互联网时代。5G 作为一张公共网络，会被切分成多个切片，在智能交通、智能家居、智能健康管理、工业互联网、智慧农业、智慧物流、社会服务等多个领域进行广泛应用。既让人们的生活更加方便，也更能提升社会管理能力。

在以 5G 为代表的新技术推动下，制造不再以人为核心，而是利用"数据 + 算法 + 算力 + 网络"构建以科技为核心的制造体系，实现智能化生产。

传统制造与智能制造体系的对比如图 2 - 7 所示。

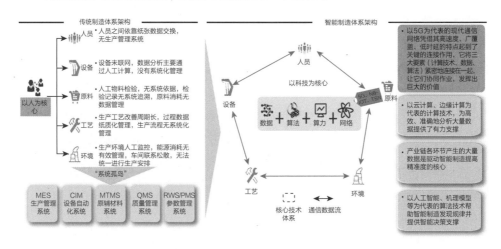

图 2 - 7　传统制造与智能制造体系的对比

2.2.5　5G + 提供了各种应用的生态

5G 作为支撑经济社会数字化、网络化、智能化转型的关键新型基础设施，行业应用是体现其价值的关键，5G + 垂直行业应用被认为是未来 5G 主要的发展方向。从 5G 问世以来，全球通信服务提供商都在积极探索 5G 融合应用创新，并广泛开展了 5G 行业应用测试及应用实践。在 2019 年中国国际信息通信展览会（PT 展）上，5G 行业主要引领和推动者英特尔发布了《5G 典型应用案例分析》白皮书，对当前 5G 应用实践的优秀案例进行了全面的分析研究。

白皮书结合 5G + 超高清视频与 5G + VR/AR 的特性，重点面向 5G + 直播、5G + 云游戏、5G + 工业视觉以及 5G + 360 全屏四类场景展开研究，给出了场景应用的背景、典型网络架构及网络需求，提出 5G 时代四类场景中面临的网络压力，基于英特尔在 5G 应用方面的探索，从硬件和软件平台等方面提出了一系列应用解决方案，为加速 5G 在行业应用的成熟提供了可行条件。

其实不仅是白皮书所介绍的，5G + 应用在其他领域和场景还有很多的助力应用。5G 技术的应用不断向外延伸，与经济发展相结合，未来创造更好的行业生态。5G 技术将广泛应用于各行业的生产制造、供应链管理、产业协同等方面，带来全社会产值的增加。根据咨询机构 Omdia 的测算，全球范围 5G 行业应用的经济贡献将达到 13.2 万亿美元。5G 对不同行业的经济贡献有所差别，制造业将是受益最明显的行业，5G 将带动全球制造业新增产出 4.7 万亿美元，其次是交通运输、仓储物流、零售业、建筑业等行业。

用户、电信运营商、网络设备制造商、系统集成商、ICT 企业、装备制造商等各方共同参与 5G 行业应用，一方面培育行业 5G 应用需求，重点发展制造业、交通运输、仓储物流、零售业、建筑业等 5G 行业应用，另一方面提高产业供给能力，引导各方共同参与，构建 5G 行业应用多元生态。

2.3 5G 提供的服务技术

2.3.1 5G + AICDE 的内容

中国移动发布"5G + AICDE"计划（见图 2 - 8），提出"5GNaaS 网络即服务"的新理念，是将 5G 作为接入方式，与人工智能（AI）、物联网（IoT）、云计算（Cloud Computing）、大数据（Big Data）、边缘计算（Edge Computing）等新兴信息技术深度融合，打造以5G为中心的泛智能基础设施。其主旨是在构建好5G精品网络这一核心基石的基础上，全面推动5G与人工智能、物联网、云计算、大数据、边缘计算、安全技术等紧密融合，提供开放化、定制化的网络即服务，为各行各业数字化转型注入新的动力，真正使5G成为社会经济发展的核心驱动力量。

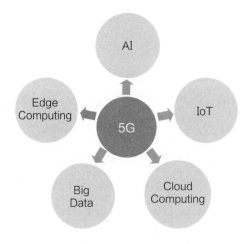

图2－8　5G＋AICDE

1.5G＋A

5G只有和人工智能技术紧密融合，才能构建连接与智能融合服务能力，那么5G如何与人工智能融合呢？人工智能的运作需要依靠5G网络的支撑。5G因其大宽带、广覆盖、低时延的优势，能够为人工智能的运作提供更好的网络环境。以语音识别为例，5G网络环境下，用户在与人工智能的语音会话过程中可以得到快速响应，感受不到时延，用户体验将进一步提升，从而使用户与人工智能的对话更加接近自然对话。未来，中国移动将充分发挥在数据、算法、算力和应用场景等方面的优势，聚焦网络、服务、管理、安全和应用五大领域，吸纳业界成熟的人工智能能力，打造领先的统一人工智能平台，推出超百项人工智能应用。

2. 5G +I

中国移动"5G +"计划提出要推进 5G 和物联网技术紧密融合，构建产业物联专网切片服务能力，公司将持续增强产业物联专网"云、网、边、端"全链条能力，基于 5G 物联网海量终端接入，架构灵活扩展、智能边缘计算及高可靠性并发等特点，为客户打造更先进的物联网开发平台，提供 5G 物联专网切片服务，满足行业定制化、个性化需求。

3. 5G +C

在 5G 时代下，中国移动计划推进 5G 和云计算技术紧密融合，构建一站式云网融合服务能力。中国移动将加快网络云化改造，构建以云为核心的新网络架构，打造"最懂云的网"，并通过广泛合作升级云计算基础设置，推出云互联、云专线、云宽带等云服务产品，提供一站式云网融合服务。5G 时代因为网络速度更快、时延更短，所以云计算在 5G 时代将被更加广泛地应用在社会生产的各个领域。以公共安全视频监控为例，处理过的数据需要上传至云端。在智慧交通领域中，交通引导需要立足于云计算对交通大数据的综合分析与挖掘。在制造业中，企业通过对各类业务系统的有机整合，构建企业云计算平台，加速企业内部生产销售信息一体化进程，进而提升制造企业的竞争实力。电信行业更是可以通过对不同国内行业用户的需求分析，加强云产品服务的研发和落地实施相适合，打造自主品牌的云服务体系。除此之外，政府也将是云计算的主要用户之一。各级政府机构正在升级"公共服务云平台"的建设，努力打造"公共服务型政府"的形象。5G 与云计算的融合将在极大程度上提高数据的传输速率与整合能力，从而提高行业生产率，减少生产时间，优化生产管理模式。

4. 5G +D

中国移动提出 5G +D，就是要推进 5G 和大数据技术紧密融合，构建安全可信的大数据服务能力。中国移动将积极发挥数据资源优势，打造行业领先的大数据能力平台，实现对数据采集、传输、存储、使用全链条的安全管控，构建由人及物的更全面、更优质、更具价值的大数据服务体系，有序合规推进大数据在金融、旅游、交通、零售等各行业的广泛应用。5G 带来了大数据的很多变化。首先，5G 开启了物联网通信的新纪元。其次，5G 产生了天量的数据，之前我们更多是收集人的数据，我们用海量数据去形容，而 5G 将产生更多物的数据内容。例如，所有家用电器都会产生数据，这些数据都需要经过收集和处理。最后，5G＋D 将带来很多安全问题，如果这些安全问题得不到解决，将会发生电影《速度与激情 6》中的真实场景——黑客将可以远程操控无人驾驶汽车，从而造成很多安全问题。总体来说，5G＋大数据的融合将进一步实现对数据的采集、传输、存储和使用，推动大数据在各行业的广泛应用。

5.5G＋E

面向 5G 时代，中国移动提出将推进 5G 和边缘计算技术紧密融合，构建边缘计算的服务能力。公司将加快建设广覆盖、多接入的边缘节点，让 5G 网络能力和边缘计算深度融合，更好地满足未来 5G 业务在时延、带宽和安全等方面的关键计算需求。

2.3.2　5G＋区块链的价值

区块链技术旨在打破当前依赖中心机构信任背书的交易模式，用密码学的手段实现交易去中心化、交易信息隐私保护、历史记录防篡改、可追溯等技术特点，天然适用于对数据保护要求严格的场景。

当前全球上万亿的商品中，有 99.99% 的商品都没有接入区块链网络，其中一个原因是受制于终端的不成熟，众多依赖于物联网终端的区块链产业应用无法商业化，其中包括云 VR/AR、智慧安防、车联网、智能城市、智能制造、无人机、软件定义、广域网＋网络附加存储（SDWAN＋NAS）、无线 Mesh 产品、边缘计算模块等。5G 技术能够给物联网带来更广的覆盖、更稳定的授权频段、更统一的标准，从而对基于物联网的区块链应用提供有力的支持。因此，依托高速的 5G 通信技术，以及物联网、大数据和人工智能等各项技术的发展，区块链将能为全球上万亿的商品，提供稳定的跟踪、溯源能力和分布式的点对点交易功能。

5G 时代对数据的保护能力提出了更高的要求。5G 出现后网络速度将大幅度提升，数据量也将随之急速增长，此外，更多计算和存储将由智能终端和边缘计算节点来承担。区块链是部署在互联网之上的，底层是分布式账本的技术，其数据同步，需要进行大量实时的数据通信，有了 5G 后，基于互联网的数据一致性将会大大改善，可以提高区块链网络本身的可靠性，减少由于网络延迟带来的差错和分叉。比如车联网、远程视频、智慧城市等场景下，区块链可以做到在分布式部署的架构下，无需中心机构做确权，而由去中心化的节点在链上来确权和分发。这就促使点对点的价值交换成为可能，而不需要通过中心化的中转、支付交换费用，大大提升了终端交易的效率，降低了交易成本。

同时，5G 通过增加节点参与和分散协助区块链获得更短的阻塞时间，也能推动区块链的可扩展性，而这一切，又反过来进一步支持了物联网经济，也就意味着将会有越来越多的传统行业，例如农业、采矿、手机、汽车、家居等，都将通过高速物联网实现自动化。未来区块链技术将会应用在更多领域，同时也会出现更多落地应用场景，见表 2-1。

表 2-1　5G + 区块链的应用场景

应用场景	5G 技术	区块链技术
	高速率、低时延、海量连接	去中心化、共识机制、智能合约、加密
物联网	低时延、D2D 网络、NB-IoT	点对点网络大规模协作、安全性
大数据与人工智能	云端传输	隐私保护、不可篡改
车联网、无人驾驶、工业控制	低时延、D2D 网络、NB-IoT	分布式网络协作、信息溯源、信息透明
智慧城市、数字社会、资产上链	低时延、D2D 网络、NB-IoT	智能合约、不可篡改、隐私保护

2.3.3　5G + 锻造机器智能互联的可信环境

5G 时代的智能工厂将大幅改善劳动条件，减少生产线人工干预，提高生产过程可控性，最重要的是借助信息化技术打通企业的各个流程，实现从设计、生产到销售各个环节的互联互通，并在此基础上实现资源的整合优化。

作为新一代移动通信技术，5G 技术贴合了传统制造企业智能制造转型对无线网络的应用需求，能满足工业环境下设备互联和远程交互应用需求。在物联网、工业自动化控制、物流追踪、工业 AR、云化机器人等工业应用领域，5G 技术起着重要支撑作用。信息化革命愈演愈烈，机器设备、人和产品等制造元素不再是独立的个体，它们通过工业物联网紧密联系在一起，实现更协调和高效的制造系统。

5G 时代已经全面展开，正在改变各个行业的运行面貌。但是，5G 在成为行业发展新引擎的同时，也面临着技术创新带来的安全挑战。海量异构接入增加了被攻击的机会，攻击者可利用海量多样化终端中的单个设备弱点（如缺乏安全策略部署的计算和存储资源有限的终端）进行数据窃取或系统破坏。此外，5G 网络连接设备数量的增多使得攻击者发动分布式拒绝服务（DDoS）攻击变得容易。

加大对 5G 安全技术研发的投入，要加强对网络虚拟化、边缘计算、网络切片、能力开放等技术的研发，推动漏洞挖掘、数据保护、入侵防御、追踪溯源等安全产品的研发，构建全局感知、联动处置、预警防护、威胁监测的 5G 安全保障框架，只有通过技术创新才能不断化解 5G 发展中面临的安全风险。

2.4 5G 如何打造机器智能

2.4.1 5G 提供边缘智能的想象空间

边缘计算，是在靠近人、物或数据源头的网络边缘侧融合网络、计算、存储、应用核心能力的开放平台，就近提供边缘智能服务，满足行业数字化在敏捷联接、实时业务、数据优化、应用智能、安全与隐私保护等方面的关键需求。

5G 时代对于不同场景下低时延、高带宽、多连接的需求使得边缘计算成为5G 通信的核心技术之一，业务、计算能力下沉成为运营商的典型需求。

边缘计算部署架构如图 2 - 9 所示。

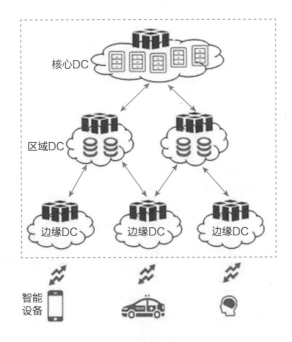

图 2 - 9 边缘计算部署架构

注：DC 即数据中心。

5G 时代推动边缘计算加速落地，丰富的应用场景赋予了市场充分的想象空间。仅目前较为确定的应用方向就有智能制造、智慧城市、直播游戏、车联网等场景。智能制造方面，边缘计算为厂商提供实时收集/处理数据的能力；智慧城市方面，边缘计算助力智慧楼宇、物流、视频监控场景；直播游戏方面，边缘计算帮助内容分发网络（CDN）下沉，实现云游戏等新兴业务模式；车联网方面，边缘计算提供高可靠低时延服务，满足苛刻时延需求。

2.4.2 机器从"互联"到"智能"的演进

2019 年政府工作报告正式提出了"智能 +"战略：深化大数据、人工智能等研发应用；打造工业互联网平台，拓展"智能 +"，为制造业转型升级赋能。以 5G、物联网、人工智能等技术为代表的智能技术群迅速成熟，从万物互联到万物智能、从连接到赋能的"智能＋"浪潮开启。

5G、物联网、人工智能、数字孪生、云计算、边缘计算等智能技术群的"核聚变"，推动着万物互联（Internet of Everything）迈向万物智能（Intelligence of Everything）时代，进而带动了"智能＋"时代的到来。

智能经济将呈现全新的运行规律：以数据流动的自动化，化解复杂系统的不确定性，实现资源优化配置，支撑经济高质量发展。智能经济的五层架构包括底层的技术支撑，"数据＋算力＋算法"的运作范式，"描述－诊断－预测－决策"的服务机理，消费端和供应端高效协同、精准匹配的经济形态，"协同化、自动化、全球化"的治理体系，如图2－10所示。

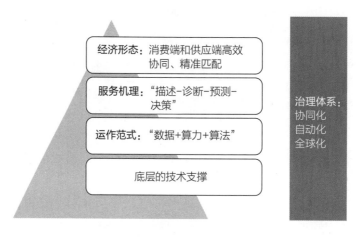

图 2 –10   智能经济的五层架构

2.4.3   知识图谱助力机器智能

随着互联网的发展，网络数据内容呈现爆炸式增长的态势。由于互联网内容具有大规模、异质多元、组织结构松散等特点，给人们有效获取信息和知识提出了挑战。知识图谱（Knowledge Graph）以其强大的语义处理能力和开放组织能力，为互联网时代的知识化组织和智能应用奠定了基础，知识图谱示例如图2－11所示。

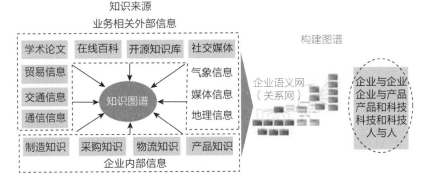

图 2 – 11　知识图谱示例

　　知识图谱是知识工程的一个分支，以知识工程中的语义网络作为理论基础，并且结合了机器学习、自然语言处理、知识表示和知识推理的最新成果，在大数据的推动下受到了业界和学术界的广泛关注。知识图谱旨在描述真实世界中存在的各种实体或概念，知识图谱实现对客观世界从字符串描述到结构化语义描述，是对客观世界的知识映射。

　　知识图谱对于人工智能的重要价值在于知识是人工智能的基石。机器可以模仿人类的视觉、听觉等感知能力，但这种感知能力不是人类的专属，动物也具备感知能力，甚至某些感知能力比人类更强，例如狗的嗅觉。而认知语言是人区别于其他动物的能力，同时，知识也使人不断地进步，不断地提炼、传承知识，是推动人不断进步的重要基础。而知识对于人工智能的价值就在于，让机器具备认知能力。

　　知识对于人工智能的价值重大，有了知识的人工智能会变得更强大，可以做更多的事情。反过来，更强大的人工智能，可以帮我们更好地从客观世界中去挖掘、获取和沉淀知识，这些知识和人工智能系统形成正循环，两者共同进步。

　　更具体而言，知识图谱可以说是人工智能应用于行业的先决条件。目前，人工智能已受到各行各业的关注，不只是 BAT 在战略投资人工智能，金融、汽车、零售、娱乐、制造等行业也都在积极拥抱人工智能技术。然而，人工智能要想在行业中得到应用，首先要对行业建立起认知，只有真正理解了行业和场景，才能实现智能化。也就是说，只有建立了行业知识图谱，才能给出行业人工智能应用方案。

机器通过人工智能技术与用户的互动，从中获取数据、优化算法，更重要的是构建和完善知识图谱，认知和理解世界，进而服务于这个世界，让人类的生活更加美好。

2.4.4　从单体智能到整体智能的演进

以前讲机器人都是讲单体的，现在越来越多地开始讲群体，群体智能会被广泛应用。以前的机器都是很生硬的，和人的互动不多，但慢慢地机器与人将会是协同的关系，甚至不断走进家庭生活中。另外，各类智能设备和机器人之间也可以协同作业，像人类社会一样，走向群体高智商。

物联网（IoT）万物互联使人与机器、机器与机器之间逐步互联互通，并借助人工智能技术的落地，实现各种应用场景。现如今的大多数公司希望给用户提供一站式服务方案，用户用的不只是一项技术、一个产品，更是一个整体的服务，所以有了 AICloud 架构，围绕整体提供智能化的一体化解决方案。将人工智能技术注入边缘节点、边缘域、云中心，将感知信息按需汇聚再分级应用，现在这种一体化解决方案得到了许多用户的认可，如图 2 - 12 所示。

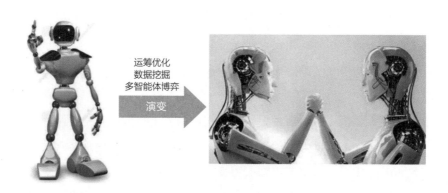

图 2 - 12　单体智能到群体智能

人工智能技术，首先是与机器人单体相关的。机器人要自主感知其运行环境，自主构建其运行的地图和场景，突发异常的时候能执行自动的鲁棒控制。以前机器人都是在一些比较限定的条件下作业的，随着机器人单体智能的提升，它们的柔性、适应能力和抗干扰能力将增强，可以在各类复杂的作业环境中自主运行。

单体智能做好以后，可以让不同的机器人交互运行以实现最高效益，走向群体智能和整体智能。而要实现群体智能和整体智能，更需要智慧的大脑，因此在上层系统，我们要用运筹优化、数据挖掘、多智能体博弈等技术，让机器人之间的合作更高效，提高整体运行效率。这些技术和概念与自动驾驶汽车触类旁通，如果大部分自动驾驶汽车有了智慧大脑的集中调度控制，安全有序的行驶就将成为可能，相信未来城市里的交通会更加顺畅。

利用人工智能和多维感知打造相应的机器人，结合物联网技术、人工智能技术、云计算技术最终实现无人化、自动化、可视化，提升业务价值和数据价值，最终完成这个产业的数字化驱动，真正实现全生命周期的智能化运营管理。

2.5　智能制造的价值

2.5.1　支撑数字经济发展的蓝海

数字经济是指以使用数字化的知识和信息作为关键生产要素、以智能网络作为重要载体、以人工智能的使用作为效率提升和经济结构优化的重要推动力的一系列经济活动。以新一代信息技术为代表的全球性科技革命，是以数字化、网络化、智能化为特征，与工业现代化高度融合，从而催生出数字经济新形态，推动人类向更加全面和先进的智能经济时代发展。数字经济是经济发展提质增效、转型升级的重要着力点，是推动经济高质量发展的新动能和新引擎，是未来产业结构调整升级的关键因素和重要驱动力。

发展智能制造本质上就是促进新一代信息技术与制造业的融合发展，就是推进数字化、网络化和智能化与制造业的紧密融合。以智能制造为代表的新的工业经济将成为经济发展的主导性力量，特别是对经济的持续健康发展将会产生巨大的作用。智能制造本身就是全方位的数字经济，它的发展将是对数字经济发展的有力促进。

发展智能制造对数字经济的促进作用主要体现在以下五个方面。

第一，未来的制造产品将会呈现出全面的数字化、网络化和智能化，尤其是装备产品的智能化，将会给人类的服务提供强大的价值支持和物质条件的保障。

第二，通过全方位数字化、网络化和智能化，就能够实现自动化的产能优化、质量优化和效率优化，从而让企业能够以更低成本、更高效率生产更有竞争力的产品，从而具备数字经济时代的竞争优势。

第三，借助数字化、网络化和智能化，产品制造就能够全方位实现服务化。通过这种全方位的服务化，制造业就能够把全生命周期的价值服务提供给人类，极大地提升人类的产品体验，从而促进数字经济的发展。

第四，通过发展智能制造，制造业将走向个性化制造。个性化制造将是有史以来人类最聪明的生产方式，也是最好的经济制造方式。个性化制造也意味着将会给制造企业带来按需制造、定制生产等全新的生产模式，从而能够极大地节省社会资源，避免过剩经济的出现，最终避免供给端的生产过剩。

第五，制造资源的云计算化，使得在数字经济环境下，我们能够把全球分布的生产资源、制造资源全面广泛地共享利用起来，从而最大化地实现制造业的经济效益，实现数字经济的价值最大化。

2.5.2　个性化制造成为可能

个性化制造给设计、生产和服务带来极大的复杂性，同时个性化的市场未来的确会变得更重要。个性化是适合智能制造技术发挥作用的一个方向，甚至是重要的方向。智能制造应该是聪明地制造，能让生产变得更加灵活，也就能生产更多个性化产品。

柔性生产线可以根据订单的变化灵活调整产品生产任务，是实现个性化生产的关键依托。在传统的网络架构下，生产线上各单元的模块化设计虽然相对完善，但是由于物理空间中的网络部署限制，制造企业在进行混线生产的过程中始终受到较大约束，5G 将在两个方面赋能柔性生产线，如图 2 - 13 所示。

提高生产线的灵活部署能力

- 5G网络进入工厂，将使生产线上的设备摆脱线缆的束缚，通过与云端平台无线连接，在短期内实现生产线的灵活改造

提供弹性化的网络部署方式

- 5G网络能够支持按需编排网络架构，柔性生产线的工序可以根据原料、订单的变化而改变，设备之间的联网和通信关系也会随之发生相应的改变

图 2 – 13　5G 赋能柔性生产线

第一，5G 赋能柔性生产线，以提高生产线的灵活部署能力。未来柔性生产线上的制造模块需要具备灵活快速的部署能力和低廉的改造升级成本。5G 网络进入工厂，将使生产线上的设备摆脱线缆的束缚，通过与云端平台无线连接，进行功能的快速更新和拓展，并且自由移动和拆分组合，在短期内实现生产线的灵活改造。

第二，提供弹性化的网络部署方式。5G 网络中的软件定义网络（SDN）、网络功能虚拟化（NFV）和网络切片功能，能够支持制造企业根据不同的业务场景，灵活编排网络架构，按需打造专属的传输网络。企业还可以根据不同的传输需求对网络资源进行调配，通过带宽限制和优先级配置等方式，为不同的生产环节提供适合的网络控制功能和性能保证。在这样的网络架构下，柔性生产线的工序可以根据原料、订单的变化而改变，设备之间的联网和通信关系也会随之发生相应的改变。

2.5.3　供应链智能管理降低库存

供应链是由供应商、制造商、仓库、配送中心和渠道商等构成的物流网络。近年来，供应链管理在企业发展中占据着越来越重要的战略地位，成为企业"第三利润的源泉"。对于很多物流不是核心业务的企业来说，供应链既是主要成本的产生点，又是降低成本的关注点。而采购成本是目前影响企业整个供应链成本的重要因素，其中供应商选择是采购决策的一项重要内容。大多数企业产品的成本结构中，采购成本占其总成本的 70% 以上，科学合理地选择供应商和分配采购量对企业来说是整个供应链管理中极为重要的一环，选择合适的供应商以及合理决策向各个供应商的订购量对企业成本的控制相当重要。

5G 将加速这种供应链智能化管理进度，将提供更多的人工智能算力、算法和所需的各种（物联网等）数据。

广义的供应链管理涵盖销售、生产、采购、仓储、物流等价值链环节，复杂多变的内外部经营环境要求企业快速做出供应链的运营决策。智能制造帮助企业导入供应链决策引擎，基于 ERP 及相关运营数据，用机器学习技术发现、沉淀、动态修正最佳决策经验，让企业以较低的数据门槛迅速获得智慧决策的能力，智慧供应链内容示例如图 2 – 14 所示。

智能供应链基于准确的销售预测，以及多种库存优化模型，提供更加科学的要货建议；根据产品特点（如产品保质期、到货时间等），确定其优化目标，智能采购产品；基于准确的需求预测和多样化的库存优化策略，为企业的采购决策提供理论上的支持和数据支撑；最大限度地减少库存积压，降低报废或低价处理带来的损失，在销售额增加的前提下，报损降低或不变，提升企业的竞争力。

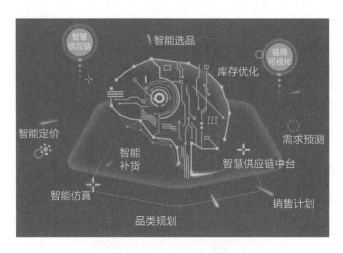

图 2 – 14　智能供应链内容示例

2.5.4 利润将让给客户

在数字化车间，生产链条的各个环节进行积极的交互、协作与赋能，提高生产效率；在智能化生产线上，产业工人与工业机器人并肩工作，形成了人机协同的共生生态；而通过 3D 打印这一变革性技术，零部件可以按个性化定制的形状打印出来，促使软件更加智能，机器人更加灵巧，生产线更加"聪明"，网络服务更加便捷，生产方式不断优化，上下游资源加速整合。

智能制造重在发挥智能科技和制造业深度融合的"化学反应"。工业互联网作为新型基础设施的重要内容，可通过实现人、机、物的全面互联，打通从研发到市场的全价值链。尤其是实现智能制造过程中，在人工智能等新技术融入先进制造技术后，可实现从产品设计到生产调度、故障诊断等各个环节的智能化驱动。在提高效率、降低成本的同时实现个性化、定制化的生产制造，从而提升产品的科技溢价。山东青岛的一份调查显示，智能化改造后，企业的平均生产率提升 20% 以上、运营成本降低 20% 左右、产品研制周期缩短 35% 左右；江苏常州的一项抽样调查也显示，当地企业智能化改造后，智能车间产值提高约 70%，单位产值成本下降约 20%。随着智能化的全面深入、生产成本的逐渐降低，更多的利润将会让给客户。

2.6 5G＋智能制造是中国产业升级的战略机遇

2.6.1 工业革命带来了英国的崛起

18 世纪 60 年代英国首先爆发了工业革命。继英国之后，美、法、德等国也先后开始了工业革命。到 19 世纪，这些国家的工业革命从轻工业扩展到重工业，并在 19 世纪末达到高潮。工业革命是社会生产从手工生产向大机器生产的过渡，是生产技术的根本变革，同时又是一场剧烈的社会关系的变革，西方国家由此步入工业化社会。

在最早开始工业革命的英国，社会生产力的发展实现了前所未有的飞跃，英国借助第一次工业革命的技术红利，国力发展在欧洲各国独占鳌头。英国大力发展工业革命，利用新开辟的航路，积极发展对外贸易，推行"重商主义"，为国家带来巨额财富。英国工业革命时期的蒸汽机火车如图2-15所示。

图2-15　英国工业革命时期的蒸汽机火车

工业革命对英国的影响主要涉及几个方面：

1）在经济上完成了从工场手工业到机器大工厂的转变，创造了巨大的生产力，使英国成为"世界工厂"和世界第一工业强国。

2）在生产生活方式上推动了近代城市的兴起，导致经济地理和人口结构变化，推动科学文化的发展与人们思想观念和生活方式的巨大变化，标志着资本主义生产方式在英国最终战胜了封建生产方式。

3）在世界格局方面，造成了先进的西方和落后的东方的世界格局；大大密切了世界各地的联系，改变了世界的面貌。

2.6.2　《三体》中的"降维打击"

互联网时代产生了一个很形象的词——降维打击。这个词来自刘慈欣的小说《三体》。里面有个"二向箔"，可以把所有接触者从三维降维到二维，是高等文明的清理员用来打击太阳系文明的武器，当人类无法适应二维的时候，地球文明的被毁灭也就是必然的了。这是一场水平不在一个层次、思维不在一个层次的战斗。例如我们生活在三维空间，除了平面以外，还有深度，但是对于蚂蚁来说，蚂蚁只知道前后左右，没有上下，那么它的世界就是二维的。"降维"这个词很形象，如果人类适应了三维，去掉一个维度，那么人类就无法生存。如果一个企业、一个机构适应了三维，去掉一个维度，同样无法生存。

互联网出现以后，发现很容易去掉某些维度，造成的结果就是，这些打击异常惨烈，如图 2-16 所示。

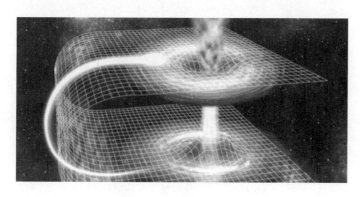

图 2-16 降维打击示例

工业 4.0 时代的"降维打击"理解为另一个词"创造性破坏"（奥地利经济学家约瑟夫·熊彼特最著名的理论），当一个产业在革新之时，都需要大规模地淘汰旧的技术与生产体系，并建立新的生产体系。"创造性破坏"深深改变了我们的生活，将生产中的供应、制造、销售等过程进行数据化、智慧化改造，最后达到快速、有效、个性化的产品生产和供应。它把工厂、机器、生产资料和人通过网络技术高度联结，给工业智能化带来了无限的想象空间。从制造工厂到智能时代，是产品革新与进化的必然过程。在全球第四次工业革命浪潮下，制造业这座古老的"活火山"，正在因新技术和新智能的注入而重新迸发出活力和生机。

2.6.3 5G 奠定数字经济时代智能制造新机遇

随着新技术、新模式、新业态对传统产业冲击的不断加强，数字化转型已经成为全球企业的共识，数字经济时代智能制造是传统制造业转型升级的主攻方向，5G 代表的新兴技术正成为企业数字化转型的重要支撑力量。

5G 作为工业互联网的关键"使能"技术，具有实时在线、万物互联、高并发、低时延、高可靠、高宽带、高频率的特点，与工业互联网低时延、广覆盖、高可靠的要求高度契合，为工业互联网新型基础设施建设和融合创新应用提供了关键支撑和重要机遇，5G 将推动智能制造转型升级，如图 2 – 17 所示。

图 2 –17 5G 使能数字经济时代

如今各行业都已把 5G、自动化、智能化当作智能制造的重要举措，作为企业数字化、智能化转型的基本战略，积极为工业 4.0 下的柔性制造做准备。

数据显示，目前电信运营商与广大行业合作伙伴一起，已经将 5G 行业应用引入媒体、医疗、教育、酒店、商场、车联、物流、制造、能源、交通等 20 多个行业，在全球各地率先进行了 300 多种应用探索。

相信随着产业各方的一致努力，"5G 使能千行百业"将很快进入快车道，ICT 产业也将给经济社会发展带来更多价值。

第3章

5G 核心技术

3.1 5G 开启物联网 "元年"

3.1.1 从 "感知中国" 说起

"感知中国" 是中国发展物联网的一种形象称呼，就是中国的物联网。通过在物体上植入各种微型感应芯片使其智能化，然后借助无线网络，实现人和物体 "对话"、物体和物体之间 "交流"。自 2009 年 8 月温家宝总理提出 "感知中国"以来，物联网被正式列为国家五大新兴战略性产业之一，写入政府工作报告，物联网在中国受到了全社会极大的关注，其受关注程度是在美国、欧盟以及其他各国不可比拟的。

"中国式" 物联网定义是：物联网（Internet of Things）指的是将无处不在（Ubiquitous）的末端设备（Devices）和设施（Facilities），包括具备 "内在智能"的传感器、移动终端、工业系统、楼控系统、家庭智能设施、视频监控系统等和"外在使能"（Enabled）的，如贴上射频识别（RFID）标签的各种资产（Assets）、携带无线终端的个人与车辆等 "智能化物件或动物" 或 "智能尘埃"（Mote），通过各种无线和/或有线的长距离和/或短距离通信网络实现互联互通、应用大集成（Grand Integration）以及基于云计算的 SaaS 营运等模式，在内网（Intranet）、专网（Extranet）和/或互联网（Internet）环境下，采用适当的信息安全保障机制，提供安全可控乃至个性化的实时在线监测、定位追溯、报警联动、调度指挥、预案管理、远程控制、安全防范、远程维保、在线升级、统计报表、决策支持等管理和服务功能，实现对"万物"的"高效、节能、安全、环保"的"管、控、营"一体化。物联网应用场景如图 3 – 1 所示。

图 3 – 1　物联网应用场景

物联网和互联网最大的区别就在于：后者是人与人之间的信息交互，是一个虚拟世界；物联网则是对现实物理世界的感知和互联。从应用上而言，物联网并不陌生。北京奥运会成功实现的视频监控、智能交通、电子标签食品溯源管理等都属于物联网的应用。

目前物联网已经在智能楼宇、路灯监控、食品药品溯源、智能医院等领域应用，特别是在城市公共管理领域，对垃圾车、危险品源的监控和事先处理都有应用实例。许多人手中其实也拥有物联网的终端，具有全球定位系统（GPS）功能的手机就是一款可以定位的终端。

3.1.2　物联网的发展概况

物联网是通过二维码识读设备、RFID 装置、红外感应器、GPS 和激光扫描器等信息传感设备，按约定的协议，把任何物品与互联网相连接，进行信息交换和通信，以实现智能化识别、定位、跟踪、监控和管理的一种网络。将所有这些不同的物体连接起来，并给它们添加传感器，使原本笨笨的设备增加了一个数字智能的层次，使它们能够在不涉及人类干预的情况下进行实时数据通信。简单地说，物联网的基础是互联网，其实是互联网的延伸，使互联网从人与人的连接扩展到物与人、物与物的连接。计算机技术及通信技术的成熟为物联网带来了发展机遇，全球多个国家提出物联网发展战略，将其视为经济发展的主要推动力，物联网受到的重视日益提升。

物联网作为一个年轻的概念，至今发展历程不过 30 年左右，但是全世界都对物联网极度重视。1990 年物联网首次应用于可乐贩卖机上，用来监控可乐的数量以及冰冻情况，1999 年麻省理工学院（MIT）教授凯文·艾什顿（Kevin Ashton）首次提出物联网的概念，1995 年比尔·盖茨也在其所著的《未来之路》中提及物联网，但是并未引起广泛的关注。物联网真正受到广泛关注是在 2000 年后，在新技术的推动下，物联网取得了阶段性的成果，物联网总体性标准被确定。窄带物联网（NB-IoT）作为 5G 的重要应用场景以及传输协议也于 2016 年被冻结。

随着计算机技术以及通信技术的日渐成熟，物联网迎来了新的发展机遇，日本、美国、韩国、欧盟以及我国等多个国家和地区相继提出物联网发展战略，将其作为未来经济发展的主要推动力。

科技分析公司 IDC 预测，到 2025 年，总共将有 416 亿个连接的物联网设备，工业和汽车设备将迎来连接物联网的最大机会，但短期内智能家居和可穿戴设备的采用率会很高。

受益于智能电表的持续推出，公用事业将成为物联网的重要用户。安防设备，以入侵检测和网络摄像头的形式，将成为物联网设备的第二大用途。楼宇自动化（联网照明）将是增长最快的领域，其次是汽车（联网汽车）和医疗保健（慢性病监测）。

我国政府高度重视物联网的顶层设计。2013 年 9 月，国家发展和改革委员会、工业和信息化部等部门，联合物联网发展部际联席会议相关成员制定了顶层设计、标准制定、技术研发、应用推广、产业支撑、商业模式、安全保障、政府扶持措施、法律法规保障、人才培养十个物联网发展专项行动计划，为后续有计划、有进度、有分工地落实相关工作，切实促进物联网健康发展明确了方向目标和具体举措。

我国在物联网国际标准化中的影响力不断提升。国内越来越多企业开始积极参与国际标准的制定工作，我国已经成为国际电信联盟（ITU）和国际标准化组织（ISO）相应物联网工作组的主导国之一，并牵头制定了首个国际物联网总体标准——《物联网概览》。我国相关企业和单位一直深入参与3GPP MTC相关标准的制定工作，制定了GB/Z 33750—2017《物联网　标准化工作指南》，梳理标准项目共计900余项。

3.1.3　各种传感器构筑了"皮肤层"

如果将物联网系统比作人体，那么，物联网的感知层就相当于人的皮肤。人在感知外界信息时，需要用到嗅觉、听觉、视觉、触觉等感觉系统，感官和皮肤获取外界信息后，信息经由神经系统传至大脑，并由大脑进行分析判断和处理。大脑做出决策之后，会传达反馈命令，指导人的行为。

与之相同，物联网感知层的主要功能也是获取外部数据信息，数据信息经由传感网络，汇集到物联网网络层，网络层借助传输层网络将数据传输到物联网应用层。最后，物联网应用层利用感知数据为人们提供相关应用和服务。

与人相比，物联网感知层所感知的信息范围更加广阔和精准。例如，人对温度的感知范围有限，在较小的温度范围之内，人的触觉无法感知温度的微小变化，而一旦超过人类忍受温度的极限，就需要借助具有温度传感器的电子设备的帮助。传感器作为一种检测信息的电子装置可以感知外界环境信息，在物联网感知层中得到了广泛的应用，它们就相当于人的皮肤和五官，可以为物联网提供海量的数据信息。

在检测到物体信息之后，各种形式的传感器会将所获得的数据转换成电子信号的形式，统一发送到物联网中，实现信息的传输、处理、存储、控制以及决策。

物联网最终是要实现对物品的自动检测和自动控制，而感知层的传感器就是实现这一目的的首要装置，部分传感器的样例如图3-2所示。

图 3 - 2　部分传感器的样例

在物联网系统中，传感器不但可以单独存在，而且可以与其他设备连接。传感器不仅可以进行物品信息的采集和捕获，还能对获取的信息进行处理、加工和传输，因此也被叫作"智能传感器"。未来的物联网系统是由一个个传感器构建而成的网络系统，各种功能和形式的传感器将共同成为传感网络的组成部分，在物联网的前端进行信息采集工作。

传感器总体来说可分为三大类，即根据物理量、输出信号和工作原理的性质进行具体划分。例如，根据物理量进行划分，可以分为压力传感器、温度传感器、湿度传感器、速度传感器、加速度传感器等。在选择物联网传感器时，需要考虑多种因素，比如成本、灵敏度、测量范围、响应速度、工作环境等。

未来，物联网传感器将向着以下六个方向发展：

1) 精度越来越高，可测量物体的极微小变化。

2) 可靠性越来越强，测量范围大幅提高。

3) 更加微型、小巧，甚至可以进入生物体内或融入生物细胞。

4) 向着微功耗方向发展，在没有电源的情况下，可以自身获取能源持续工作。

5) 数字化程度变得更高，智能化更加明显。

6) 构成物联网络，其网络化发展趋势不可阻挡。

3.1.4 NB-IoT 的概念和特点

NB-IoT 是物联网的一个重要分支。NB-IoT 构建于蜂窝网络，只消耗大约 180kHz 的带宽，可直接部署于 GSM 网络、UMTS 网络或 LTE 网络，以降低部署成本、实现平滑升级。

NB-IoT 是 IoT 领域一个新兴的技术，支持低功耗设备在广域网的蜂窝数据连接，也被叫作低功耗广域网（LPWAN）。NB-IoT 支持待机时间长、对网络连接要求较高设备的高效连接。NB-IoT 设备电池工作寿命可以提高到 10 年，同时还能提供非常全面的室内蜂窝数据连接覆盖。

如图 3 - 3 所示，NB-IoT 具有以下四大特点：

（1）广覆盖。相比于 GSM、宽带 LTE 等，NB-IoT 网络覆盖增强了 20dB，信号的传输覆盖范围更大（GSM 基站理想状况下能覆盖 35km），能覆盖到深层地下 GSM 网络无法覆盖到的地方。其原理主要依靠：缩小带宽，提升功率谱密度；重复发送，获得时间分集增益。

（2）大连接。相比于现有无线技术，同一基站下增多了 50 ~ 100 倍的接入数，每小区可以达到 5 万连接，实现了万物互联所必需的海量连接数。其原理在于：基于时延不敏感的特点，采用话务模型，保存更多接入设备的上下文，在休眠态和激活态之间切换；上行调度颗粒小，资源利用率更高；减少空口信令交互，提升频谱密度。

（3）低功耗。终端在 99% 的时间内均处在休眠态，并集成多种节电技术，待机时间可达 10 年。

1）省电模式（Power Saving Model，PSM）。该模式也称为低功耗模式，即在空闲态下增加 PSM 态，相当于关机，由定时器控制唤醒，耗能更低。

2）扩展不连续接收模式（extended DRX，eDRX）。该模式采用更长的寻呼周期，是不连续接收（Discontinuous Reception，DRX）耗电量的 1/16。

（4）低成本。硬件可剪裁，软件按需简化，确保了 NB-IoT 的成本低廉，单个 NB-IoT 通信单模块成本不足 5 美元。

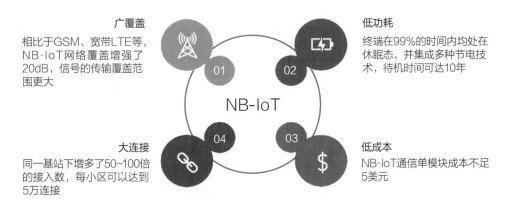

广覆盖
相比于 GSM、宽带 LTE 等，NB-IoT 网络覆盖增强了 20dB，信号的传输覆盖范围更大

低功耗
终端在 99% 的时间内均处在休眠态，并集成多种节电技术，待机时间可达 10 年

大连接
同一基站下增多了 50~100 倍的接入数，每小区可以达到 5 万连接

低成本
NB-IoT 通信单模块成本不足 5 美元

图 3 – 3　NB-IoT 特点

NB-IoT 因其适用的场景，还具有低速率和低移动性的特点：

1）低速率。多点上行速率仅为 56kbit/s，理想下行速率为 21.25kbit/s。

2）低移动性。仅支持终端设备在 30km/h 的移动速率下实现小区切换，远低于 4G 支持 250km/h 的速率（高铁专网可达 450km/h）。

3.1.5　物联网设备从连接到计算

通信连接是物联网发展的基础，差异化的全连接能力是未来的发展方向。通信连接的价值占比较低，价值中枢转移到数据和应用。数据流是物联网应用闭环的主线，也是物联网智能化的原动力。

物联网将引起数据爆发，在数据的驱动下，实现了物理世界和数字世界的一一映射和融合。

物联网应用的闭环随数据而生，感知层各类设备采集数据，通过网络层传输数据至平台层的数据处理平台，对数据进行存储、加工、分析、计算并在数据挖掘的基础上形成垂直行业的应用，决策和控制数据再通过通信网络反馈到感知层的数据采集对象。

连接、洞察和优化是物联网智能化发展的路线逻辑。连接是指采集设备数据，同时整合业务系统的数据；洞察是指建立关键指标模型，分析问题相关性和因果关系；优化是指提供最佳策略，实时告警，进行智能控制等。

平台是数据的载体，借助行业应用，助力数据价值的释放。以工业互联网平台为例，同时采集 IT（信息技术）和 OT（操作技术）的数据，借助工业 App，消除数据孤岛，形成闭环智能。模型是连接物理世界和数字世界的桥梁和纽带。

以工业互联网为例，其本质是数据 + 模型 = 服务，模型包括行业机理模型和数据驱动模型。

在生产阶段，基于设备异常报警模型对设备进行实时监控。在维修阶段，基于设备故障诊断模型对设备进行在线诊断。

在维护阶段，基于设备寿命预测模型，对设备进行预测性维护。随着计算能力的下沉，边缘智能和云智能将协同运作，推动物联网智能化发展。

物联网计算主要有四种模式，如图 3 - 4 所示。

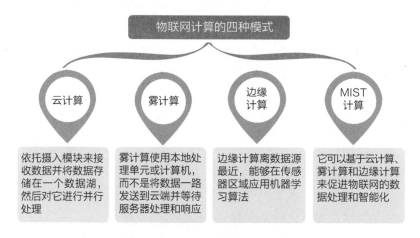

图 3 - 4　物联网计算的四种模式

（1）物联网的云计算。通过物联网和云计算模型，推动和处理各种感官数据上云。依托摄入模块来接收数据并将数据存储在一个数据湖（一个非常大的存储器），然后对数据进行并行处理。

（2）物联网的雾计算。雾计算使用本地处理单元或计算机进行本地计算，而不是将数据一路直接发送到云端并等待服务器处理和响应。

（3）物联网的边缘计算。边缘计算离数据源最近，能够在传感器区域应用机器学习算法。边缘计算是所有关于智能传感器节点的应用，而雾计算仍然是关于局域网络，可以为数据量大的操作提供计算能力。

（4）物联网的 MIST 计算。它可以基于云计算、雾计算和边缘计算来促进物联网的数据处理和智能化。

3.2 5G 的典型指标

3.2.1 带宽

5G 的载波带宽在 6GHz 以下频谱下最多是 100MHz，在毫米波频谱下最多是 400MHz，远大于 4G 的 20MHz 带宽，如图 3 - 5 所示。

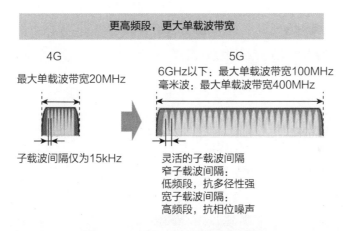

图 3 - 5 5G 与 4G 对比的载波带宽

3.2.2 延迟

时延采用 OTT 或 RTT（Round Trip Time）来衡量，前者是指发送端到接收端接收数据之间的间隔，后者是指发送端到发送端数据从发送到确认的时间间隔，如图 3 - 6 所示。在 4G 时代，网络架构扁平化设计大大减少了系统时延。在 5G 时代，车辆通信、工业控制、增强现实等业务应用场景，对时延提出了更高的要求，最低空口时延要求达到了 1ms。在网络架构设计中，时延与网络拓扑结构、网络负荷、业务模型、传输资源等因素密切相关。

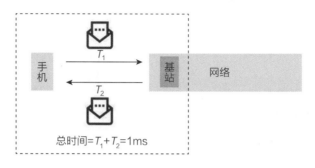

图 3-6　时延计算

理论上 5G 的空口时延可以做到 1ms。但是这个时延指的是终端（手机）到基站之间的延迟，而基站和互联网服务器之间的数据传输仍然是通过光纤完成的，因此理论上 5G 的延迟不会比光纤更低，而现在很多大城市都是光纤到户，普通家庭宽带使用的就是光纤网络，所以 5G 的时延应该会和目前的家用光纤宽带差不多。

3.2.3　覆盖率

5G 现在才刚刚起步，覆盖率还不是很高，未来 5 年全球 5G 覆盖率将达到 58%，目标要求是达到 100% 覆盖，并且应始终保持可用，如图 3-7 所示。

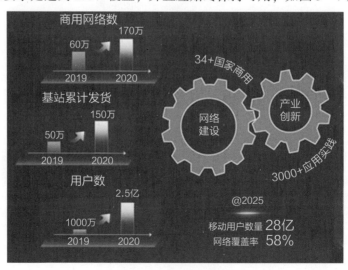

图 3-7　网络覆盖率分析

3.2.4 速度

5G 时代将构建以用户为中心的移动生态信息系统，首次将用户感知速率作为网络性能指标。用户感知速率是指单位时间内用户获得的介质访问控制（MAC）层用户面数据传送量。

实际网络应用中，用户感知速率受到众多因素的影响，包括网络覆盖环境、网络负荷、用户规模和分布范围、用户位置、业务应用等因素，一般采用期望平均值和统计方法进行评估分析，理想速率支持 0.1 ~ 1Gbit/s 的用户体验速率。

3.2.5 可靠性和可用性

可靠性是指一定时间内，从发送端到接收端成功发送数据的概率。可用性是指在一个区域内，网络能满足用户体验质量（QoE）要求的百分比。满足用户体验质量要求是指用户能使用网络，且基本体验能达到标准。

对于 5G 通信的实现而言，最关键的问题就是保证数据传输的可靠性。5G 核心技术将通信漏洞进行更好的防护，防火墙技术进一步更新。5G 通信技术的可靠性可通过网络安全工程进行修复。

在 5G 时代，大规模天线技术将实现全方位的网络覆盖，减少基站建设，降低污染，降低维护成本。

3.3 5G 的技术基础

3.3.1 MIMO 天线技术

多输入多输出（Multiple - input Multiple - output，MIMO）。多输入多输出技术是指在发射端和接收端分别使用多个发射天线和接收天线，使信号通过发射端与接收端的多个天线传送和接收，从而改善通信带宽。它能充分利用空间资源，通过多个天线实现多发多收，在不增加频谱资源和天线发射功率的情况下，可以成倍地提高系统信道容量。

MIMO 天线显示了明显的优势，因此被视为 5G 移动通信的核心技术，通常用于 IEEE 802.11n，但也可以用于其他 802.11 技术。

MIMO 技术大致可以分为两类：发射/接收分集和空间复用。

MIMO 天线有时被称作空间多样天线，因为它使用多空间通道传送和接收数据，利用 MIMO 技术可以提高信道的容量。MIMO 天线示意图如图 3 - 8 所示。

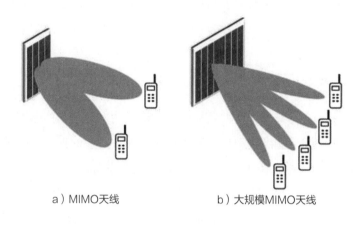

a）MIMO天线   b）大规模MIMO天线

图 3 - 8   MIMO 天线示意图

简单来说，在 4G 时代，虽说基站侧也支持 MIMO 技术，但最多只有 8 个天线。而在 5G 中的 MIMO，则可以实现 16/32/64/128 个天线，甚至更大规模，故它也被叫作大规模 MIMO 天线技术。

3.3.2 网络切片

网络切片是一种按需组网的方式，可以让运营商在统一的基础设施上分离出多个虚拟的端到端网络，每个网络切片从无线接入网、承载网再到核心网上进行逻辑隔离，以适配各种各样类型的应用。

在一个网络切片中，至少可分为无线网子切片、承载网子切片和核心网子切片三部分，如图 3 -9 所示。

图 3 – 9　网络切片构成

网络切片的核心是网络功能虚拟化（NFV），NFV 从传统网络中分离出硬件和软件部分，硬件由统一的服务器部署，软件由不同的 NF（网络功能）承担，从而实现灵活组装业务的需求。网络切片是基于逻辑的概念，是对资源进行的重组，重组是根据服务等级协定（SLA）为特定的通信服务类型，选定所需要的虚拟机和物理资源，如图 3 – 10 所示。

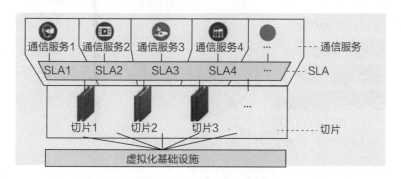

图 3 – 10　网络切片承载

网络切片不是一个单独的技术，它是基于云计算、虚拟化、软件定义网络、分布式云架构等几大技术群而实现的，通过上层统一的编排让网络具备管理、协同的能力，从而实现基于一个通用的物理网络基础架构平台，能够同时支持多个逻辑网络的功能。

在 5G 时代，移动网络服务的对象也不再是单纯的移动手机，而是各种类型的设备，比如通信终端 CPE[⊖]、平板计算机、固定传感器、车辆等。应用场景也

　　㊀　CPE 为 Customer Premises Equipment 的简写，译为用户驻地设备。

更加多样化，比如移动宽带、大规模互联网、任务关键型互联网等。需要满足的要求也多样化，比如移动性、安全性、低时延性、可靠性等。这就为网络切片提供了用武之地，通过网络切片技术在一个独立的物理网络上切分出多个逻辑网络，从而避免了为每一个服务建设一个专用的物理网络。

5G网络所提供端到端的网络切片能力，可以将所需的网络资源灵活动态地在全网中面向不同的需求进行分配及能力释放，并进一步动态优化网络连接，降低成本，提升效益。

3.3.3 核心网的云化

5G核心网云化需求和技术如图3-11所示。

图3-11 5G核心网云化需求和技术

1.5G核心网对云平台的需求

5G核心网对云平台的需求涵盖以下五个方面：

1）需要一个开放的云平台。这个云平台的开放是基于标准与开源两种模式的结合，重点推荐三层解耦的方案。

2）需要一个可靠的云平台。IT基础设施的特点是风险点多、可靠性下降，针对电信级可靠性需要有更可靠的定制方案。

3）高效。在业务方面要支持5G网络对服务化接口、边缘计算和大吞吐量的转发，在运营方面提供快速的编排能力、动态的资源扩收容能力。

4）简化。要用轻量化的虚拟化单元承载5G细粒度的服务单元，引入简化的运维模式，比如说一键部署，真正简化运维的复杂度。

5）需要一个智能的云平台，通过对海量数据的学习和提炼，运用人工智能的技术主动辅助运维能力。

2.5G 核心网云化关键技术

5G 核心网云化关键技术有以下五个：

（1）集成解耦方案。传统的软硬件解耦方案的好处是能够快速地实现云架构、部署云业务的上线，性能比较优化，运维相对比较简单。问题在于它的 NFV 平台和上层的业务平台是绑定的，平台的通用性和新业务推广都受到平台绑定的限制。二层解耦应该是未来 5G 部署的必备保底方案。为了实现更完整的云平台能力，重点推荐的是一个三层解耦的方案。三层解耦的好处是运营商可以主导同云平台部署，开放度更高，更利于业务的创新，要解决的问题是如何保证 NFV 的可靠性。要实现跨层故障定位和运维的机制，实现三层运维团队的共同维护和建设。具体的方案是要建立新兴的 NFV 平台的生态，善于利用开源项目的基础实现完整的生态。

（2）容器技术。为了承载 5G 服务化的功能单元，需要引入细粒度的虚机承载单元。它是将容器和 CaaS 平台嵌入在厂家实现的虚拟网络功能（Virtual Network Feature，VNF），满足核心网大的数据业务的可靠性和安全性的要求。问题在于上层的管理和网络编排（MANO）不感知容器的存在，服务的规划和编排粒度还是比较粗的。在这个容器基础上可以进一步引出 CaaS 平台的方案，通过引入一个运营商提供容器的统一管理和调用平台。这个平台可以支持虚机容器和裸机容器。容器技术是一个全新的技术，在标准化、解耦能力、安全可靠性方面还需要着力加强，这可能需要后续进一步的研究。

（3）切片友好运营。网络切片是运营商向第三方租户提供的专网业务，运营商需要引导租户会用切片、想用切片，到最后用好切片。运营商提供的网络切片是按需设计、自动部署、SLA 协商、安全可靠、智能运营和可管可控的。端到端的网络切片是系统化的概念，电信运营商部署初期可能也不会做完备的提供方案。5G 核心网可以用子片的形式独立部署，重点实现网络快速部署和业务激活等基本功能，实现租户对自己切片的可视、可管、可控，并提供给用户一个友好的运维平台。

（4）运维管理系统。为了满足电信级的容灾需求，对 IT 容灾进行三个层级的改造，以及云管、网络系统的对接。

（5）通用服务器性能。在未来数据中心会有各种各样的硬件能力，作为云平台要对所有的硬件能力做统一的管控。首先，在物理设备部署早期，要考虑到保护投资，以及保证性能。需要通过不断的技术进步，实现专用设备到通用设备的平滑过渡，推进加速技术的成熟。基于此，在边缘计算领域对运算的性能、运算的灵活性、运算的集成度的要求，一是非常高，二是要有通盘的平衡考虑。所以，X86 + 硬件加速技术可以广泛应用于边缘计算领域。

3.3.4 C - RAN

C - RAN 是一种支持云端集中无线信号处理的新型宽带接入网络。其中的"C"包含"集中"（Centralized）的意思，涉及的网络功能要件主要涵盖集中化处理（Centralized Processing）、协作式无线电（Collaborative Radio）和实时云计算构架（Real - time Cloud Infrastructure），RAN 为 Radio Access Network 的简写，即无线电接入网。但是，有时候我们也把 C - RAN 中的"C"称作"云"（Cloud），所以 C - RAN 有时候也被称作云化无线电接入网。从传统接入网到C - RAN如图 3 - 12 所示。

相比于 D - RAN（Distributed RAN，即分布式无线电接入网）的建设，C - RAN的建设做得更到位，除了射频拉远单元（Remote Radio Unit，RRU）拉远配置之外，运营商把室内基带处理单元（Building Base Band Unit，BBU）全部都集中放置在中心机房（Central Office，CO），最大的好处是形成 BBU 池塘，降低机房建设数量从而缩减建设成本。

另外，拉远之后的 RRU 搭配天线，还能安装在离移动终端用户更近的位置，距离近了，发射功率随之降低，低的发射功率意味着用户终端电池寿命的延长和无线接入网络功耗的降低。

C - RAN 的构建过程中减少了基站机房数量和能耗，采用了协作化技术，完成了无线系统资源共享和动态调度，实现了 5G 接入网低成本、高带宽和超灵活的工作过程。

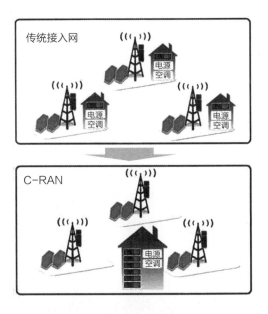

图 3 – 12　从传统接入网到 C – RAN

3.3.5　手机终端的升级

2019 年是 5G 终端创新元年，新一轮的换机潮和创新潮也开启了。每一次无线通信技术的迭代升级，都将推动智能手机销量显著提升、内部零组件的重大创新以及应用场景的不断拓宽。未来 5G 将带来智能手机行业新一轮的创新潮，如图 3 – 13 所示。

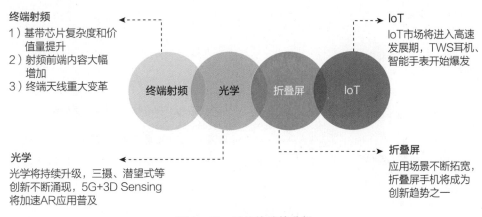

图 3 – 13　手机终端的升级

1）终端射频迎来重大变革。基带芯片复杂度和价值量提升，射频前端内容大幅增加。滤波器、功率放大器（PA）等前端器件数量提升，射频前端集成化趋势明显。终端天线重大变革，6GHz 以下频段 LCP/MPI 天线成为主流，毫米波频段将采用封装天线（Antenna-in-package，AiP）。

2）光学将持续升级，三摄、潜望式等创新不断涌现，5G + 3D 传感（Sensing）将加速 AR 应用普及。

3）应用场景不断拓宽，折叠屏手机将成为创新趋势之一。

4）IoT 市场将进入高速发展期。真正无线立体声（True Wireless Stereo，TWS）耳机、智能手表开始爆发。

3.3.6　毫米波技术基础

毫米波一般是指波长 1～10ms、频率 30～300GHz 的电磁波。由于频率高、波长短，毫米波具有如下特点（见图 3 - 14）：频谱宽，配合各种多址复用技术的使用可以极大地提升信道容量，适用于高速多媒体传输业务；可靠性高，较高的频率使其受干扰很少，能较好地抵抗雨水天气的影响，提供稳定的传输信道；方向性好，毫米波易被空气中各种悬浮颗粒物吸收，使得传输波束较窄，增大了窃听难度，适合短距离点对点通信；波长极短，所需的天线尺寸很小，易于在较小的空间内集成大规模天线阵列。正因为毫米波具有上述优点，它可以构建高达 800MHz 的超大带宽通信系统，通信速率高达 10Gbit/s，可以满足 ITU 对 5G 通信系统的要求。

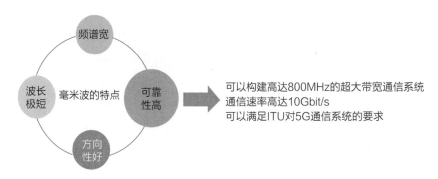

图 3 - 14　毫米波的特点

毫米波也有一个主要缺点，那就是不容易穿过建筑物或者障碍物，并且易被叶子和雨水吸收。毫米波在空气中衰减非常大这一特点也注定了毫米波技术不太适合在室外手机终端和基站距离很远的场合使用。各大厂商对 5G 网络频段使用的规划是在户外开阔地带，使用较传统的 6GHz 以下频段以保证信号覆盖率，而在室内则使用微型基站加上毫米波技术实现超高速数据传输。这也是为什么 5G 网络将会采用小基站的方式来加强传统的蜂窝塔。由于毫米波的频率很高，波长很短，其天线尺寸可以做得很小，这是部署小基站的基础。可以预见的是，未来 5G 移动通信不仅依赖大型基站的布建架构，大量的小型基站也将成为新的趋势，它可以覆盖大型基站无法触及的末梢通信。

大规模天线（Massive MIMO）技术和波束赋形技术是 5G 毫米波通信的关键技术之一。Massive MIMO（在发射端和接收端分别使用多个发射天线和接收天线，使信号通过发射端与接收端的多个天线传送和接收，从而改善通信质量）可以形成更窄的波束，波束赋形则可以降低干扰提升信噪比。在实际场景部署中，可借助多通道和多天线的收发增强对基站上下行覆盖，针对高低层建筑以及线状路面提供差异化的覆盖方案。

3.4 5G 的典型业务场景

3.4.1 EMBB 场景

增强移动宽带（EMBB），顾名思义针对的是大流量移动宽带业务，是指在现有移动宽带业务场景的基础上，对用户体验等性能的进一步提升，主要还是追求人与人之间极致的通信体验。

这也是最接近我们日常生活的应用场景。5G 在这方面带来的最直观体验是网络速度的大幅提升。即使观看 4K 高清视频，峰值也可以达到 10Gbit/s。

根据国家广播电视总局公布的数据，截至 2021 年 3 月底，我国各级播出机构经批准开办高清电视和超高清电视频道共有 845 个，其中高清频道 838 个，4K 超高清频道 7 个，分别是中央广播电视总台、北京台、上海台、广东台、广州台、深圳台、杭州台。全国高清和超高清用户突破 1 亿个，智能终端用户 2985 万个，同比增长 25.16%，如图 3 – 15 所示。

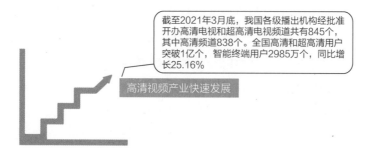

截至2021年3月底，我国各级播出机构经批准开办高清电视和超高清电视频道共有845个，其中高清频道838个。全国高清和超高清用户突破1亿个，智能终端用户2985万个，同比增长25.16%

高清视频产业快速发展

图 3 – 15　我国高清和超高清电视频道及用户情况

目前，业界已达成共识，高清视频将成为消费移动通信网络流量的主要业务。因此，在现在 5G 快速发展的时代下，流媒体必然会实现快速增长，这也是 5G 对个人生活影响的主要部分。

3.4.2　URLLC 场景

URLLC 具有高可靠性、低延迟和高可用性的特点，应用范围很大，如工业应用和控制、交通安全和控制、工业制造、远程培训、远程手术等，不同的场景对时延、可靠性和带宽的要求是不同的，如图 3 – 16 所示。

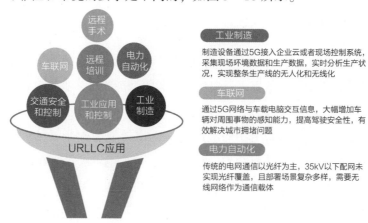

工业制造

制造设备通过5G接入企业云或者现场控制系统，采集现场环境数据和生产数据，实时分析生产状况，实现整条生产线的无人化和无线化

车联网

通过5G网络与车载电脑交互信息，大幅增加车辆对周围事物的感知能力，提高驾驶安全性，有效解决城市拥堵问题

电力自动化

传统的电网通信以光纤为主，35kV以下配网未实现光纤覆盖，且部署场景复杂多样，需要无线网络作为通信载体

图 3 – 16　URLLC 应用场景

（1）工业制造。在工业制造应用中，高端制造业对车间设备的延迟和稳定性有着非常高的需求，URLLC 的低时延和高可靠性非常适合在工业制造场景应用。制造设备通过 5G 接入企业云或者现场控制系统，采集现场环境数据和生产数据，实时分析生产状况，实现整条生产线的无人化和无线化。

（2）车联网。车联网场景下，当前阶段主要涉及车路协同技术，即在道路旁的基础设施部署智能采集设备，包括智能灯杆、智能交通灯等，通过 5G 网络与车载电脑交互信息，大幅增加车辆对周围事务的感知能力，提高驾驶安全性，有效解决城市拥堵问题。

（3）电力自动化。URLLC 应用在电力自动化领域也非常适合，差动保护是电力网络的自我保护手段，将输电线两端的电气量进行比较以判断故障范围，实现故障的精准隔离，避免停电影响范围扩大。传统的电网通信以光纤为主，35kV 以下配网未实现光纤覆盖，且部署场景复杂多样，需要 5G 无线网络作为通信载体。

3.4.3 MMTC 场景

MMTC，即海量机器类通信（大规模物联网）。MMTC 和 URLLC 都是物联网的应用场景，但各自侧重点不同。

URLLC 主要体现物与物之间的通信需求，MMTC 主要是人与物之间的信息交互。MMTC 主要在 6GHz 以下的频段发展并应用在大规模物联网上，目前可见的发展是 NB-IoT。

MMTC 主要应用于传统移动通信无法很好支持的低功耗、大连接、低时延的场景，如智能城市、环境监测、智能农业和森林防火等，如图 3 - 17 所示。MMTC 具有数据包小、功耗低、连接量大等特点。终端分布范围广、数量多，不仅要求网络具有超千亿连接的支持能力，还需要满足 100 万/km^2 的连接密度要求。

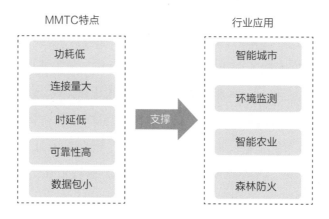

图 3 – 17　MMTC 支撑场景

3.4.4　新增的车场景

车场景即用无线通信技术将车辆与一切事物相连接（Vehicle to Everything，V2X）的新一代信息通信技术，其中 V 代表车辆，X 代表任何与车交互信息的对象，当前 X 主要包含车、人、交通路侧基础设施和网络。

交互的信息模式包括车与车之间（Vehicle to Vehicle，V2V）、车与路之间（Vehicle to Infrastructure，V2I）、车与人之间（Vehicle to Pedestrian，V2P）、车与网络之间（Vehicle to Network，V2N）等的交互，如图 3 – 18 所示。

图 3 – 18　车场景中 V2X

V2X 作为 5G 和汽车领域极具潜力的应用，已成为我国战略性新兴产业的重要发展方向，是目前跨领域、综合性的研究热点。借助人、车、路、云平台之间的全方位连接和高效信息交互，V2X 目前正从信息服务类应用向交通效率类应用和交通安全发展，并将逐步向支持实现自动驾驶的协同信息服务类应用演进。

（1）交通效率类应用是 V2X 的重要应用场景，同时也是智慧交通的重要组成部分。对于缓解城市交通拥堵、节能减排具有十分重要的意义。典型的交通效率应用场景包括车速引导等。

（2）交通安全是 V2X 最重要的应用场景之一，对于避免交通事故、降低事故带来的生命财产损失有十分重要的意义。典型的交通安全应用场景包括交叉路口碰撞预警等。

（3）信息服务也是提高车主驾车体验的重要应用场景，是 V2X 应用场景的重要组成部分。典型的信息服务应用场景包括紧急呼叫业务等。

3.5　5G 应用的十大领域

3.5.1　AR/VR 虚拟游戏

VR/AR 是近眼现实、感知交互、渲染处理、网络传输和内容制作等新一代信息技术相互融合的产物，新形势下高质量 VR/AR 业务对带宽、时延要求逐渐提升，速率从 25Mbit/s 逐步提高到 3.5Gbit/s，时延从 30ms 降低到 5ms 以下。伴随大量数据和计算密集型任务转移到云端，未来 Cloud VR + 将成为 VR/AR 与 5G 融合创新的典型范例。凭借 5G 超宽带高速传输能力，可以解决 VR/AR 渲染能力不足、互动体验不强和终端移动性差等问题，推动媒体行业转型升级，在文化宣传、社交娱乐、教育科普等大众和行业领域培育 5G 的第一波"杀手级"应用。

VR/AR 是能够彻底颠覆传统人机交互内容的变革性技术。VR/AR 需要大量的数据传输、存储和计算功能，这些数据和计算密集型任务如果转移到云端，就能利用云端服务器的数据存储和高速计算能力。

5G 技术提供了高达 10 ~ 50Gbit/s 的传输速率，并且拥有极低的时延。因此可以让大型 VR 游戏的场景在云端进行渲染，再通过网络传输到玩家的终端设备上，如图 3 - 19 所示。

图 3 - 19　VR 游戏

通过在云端进行画面渲染，就可以保证给终端提供分辨率高、优质的画面，进而有效改善 VR 游戏给玩家带来的眩晕不适感。同时，由于能够在云端进行游戏画面渲染，用户终端设备的硬件计算压力大幅降低，因此也能降低终端硬件设备的价格。

3.5.2　智慧能源

众所周知，能源和网络分别被视为工业的血液与脉搏，而所谓 "互联网 2B" 战略，就是利用新一代通信技术，来全方位提升行业的信息化和智能化水平。换言之就是将工业和血液与脉搏相融合，让发展更具生命力。

在此过程中，5G 作为最新一代的信息通信技术，发挥的价值尤为关键。

一方面，凭借高速率、低时延、大容量的特点，5G 能够应用于变电站、风电场等站场之中，让这些处于偏僻地区、施工和覆盖困难、数据传输缓慢的站场有效升级，打造出泛在感知、无人值守、无线互通的智能化站场。

另一方面，5G 也能够作用于巡检机器人、巡检无人机等装备之上。通过智能化的数据分析、实时化的无线数据传输，以及便捷化的远程设备操控，来实现对能源设施、能源开采等的立体式巡检，从而保障能源设备正常运维。

5G 智慧能源应用场景如图 3 - 20 所示。

应用于变电站、风电场等站场
· 打造出泛在感知、无人值守、无线互通的智能化站场

作用于巡检机器人、巡检无人机等装备
· 实现对能源设施、能源开采等的立体式巡检，从而保障行业正常运维

图 3 - 20　5G 智慧能源应用场景

总而言之，5G 不仅能单独应用于能源各环节之中，推动能源开采、生产与应用的数字化、信息化、智能化升级，同时还能与无人机、机器人、中控室等协同配合，在能源管理和运维层面发挥价值。在此背景下，5G 对于智慧能源的价值可谓一目了然，没有 5G，就没有真正的智慧能源。

3.5.3　智能医疗

在过去 5 年，移动互联网在医疗设备中的应用正在不断增长。医疗行业开始采用可穿戴或便携设备集成远程诊断、远程手术和远程医疗监控等解决方案。通过 5G 连接到人工智能医疗辅助系统，医疗行业有机会开展个性化的医疗咨询服务。人工智能医疗系统可以嵌入医院呼叫中心、家庭医疗咨询助理设备、本地医生诊所，甚至是缺乏现场医务人员的移动诊所。它们可以完成很多任务：实时健康管理，跟踪病人、病历，推荐治疗方案和药物，并建立后续预约；智能医疗综合诊断，并将情境信息考虑在内，如遗传信息、患者生活方式和患者的身体状况；通过人工智能模型对患者进行主动监测，在必要时改变治疗计划。5G 智能医疗应用场景如图 3 - 21 所示。

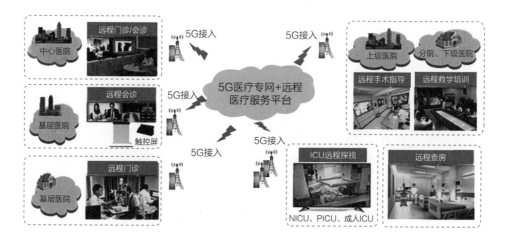

图 3 - 21　5G 智能医疗应用场景

其他应用场景包括医疗机器人和医疗认知计算,这些应用对连接提出了不间断保障的要求(如生物遥测、基于 VR 的医疗培训、救护车无人机、生物信息的实时数据传输等)。

远程诊断是一类特别的应用,尤其依赖 5G 网络的低延迟和高 QoS 保障特性。例如,Belle Île en Mer 医院(位于布列塔尼海岸附近的一个法国岛屿)的远程 B 超机器人能够为这个偏远的地区提供远程 B 超诊断服务,连接大陆的医生和临床医师进行咨询,从而降低了就医成本。这种远程 B 超机器人已经到了可商用的程度,这是力反馈功能和"触觉互联网"的典型应用。力反馈使得远程操作以更精确的方式作用于病人,减少了检查过程中病人的疼痛。力反馈信号要求 10ms 的端到端时延。

新冠肺炎疫情给公共卫生系统带来了巨大挑战。随着疫情逐步得到控制,长期积累的智慧医疗能力正在发挥积极作用,从 5G 直播建设雷神山、火神山医院,到远程会诊等应用。在 5G 技术的加持下,互联互通的信息化解决方案不断落地,助力抗击疫情。这也将引发业界对"建设未来医院"的深刻思考,激发智慧医疗基础设施和医院信息化更快发展,从而惠及患者、各级医疗机构和健康产业。

3.5.4 超高清直播

借助 5G 和国家政策驱动直播产业快速发展的东风，超高清视频直播应用价值正不断提升，例如在超高清直播时结合 VR/AR 等技术，可实现联网互通以及多效互动等应用场景，给人们带来极致的视听体验，推动了 VR/AR、3D、智能监控、大屏电视等行业的转型升级，如图 3 – 22 所示。

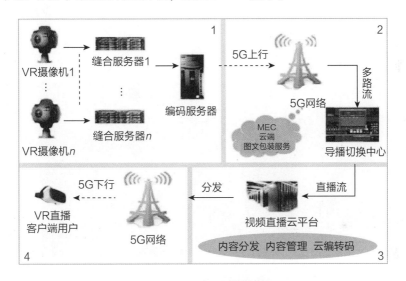

图 3 – 22 5G VR 高清视频

超高清视频是具有 4K、8K 超高清分辨率的视频内容。它在高分辨率、高帧率、高色深、高色域、高动态范围等多媒体显示方面实现了技术突破，提供了更为丰富的画面层次和更精致的画面细节，从而推动超高清直播视频产业进入黄金发展周期。

3.5.5 家庭娱乐

电视、游戏和其他家庭应用将电信运营商置于智慧家庭的中心地位。通过无线宽带接入（WTTx）可以提供智慧家庭增值服务平台，并通过集成人工智能数字助理，分析汇总后的数据和开发新应用进一步提升平台的服务品质。

　　与其他技术相比，实施 WTTx 所需的资本支出要低得多。WTTx 使用移动网络技术而不是固定线路提供家庭互联网接入，由于使用了现有的站点和频谱，WTTx 部署起来更加方便。WTTx 部署比光纤到户节约了 30% ～ 50% 的成本，为电信运营商省去了为每户家庭铺设光纤的必要性，大大减少了在电线杆、线缆和沟槽上花费的资本支出。

　　在超高清领域，率先将 5G 大带宽、低时延能力与 8K 和 VR 等视频技术深度融合，推出 5G + 8K 解决方案。该方案给家庭智能电视带来超高清低时延的卓越视频体验，使我们可以与远在千里之外的亲人一起玩互动体感游戏，如图 3 - 23 所示。

图 3 - 23　VR 家庭娱乐

　　外出游玩的朋友可以将实时视频叠加 VR 特效直接在电视上呈现，足不出户即可体验世界各地的风光美景及历史画卷，畅享亲朋好友身临其境的沟通体验，使智能美好生活近在咫尺。

3.5.6　智慧城市

　　智慧城市是指利用物联网、云计算等先进的信息化技术和通信技术，来对城市进行智能化管理，并为人们打造智能化生活的一个发展方向。

　　但是智慧城市建设都离不开 5G。智慧城市的应用有很多，如图 3 - 24 所示。

智慧交通

依靠5G的技术支持，可以大大减少
交通堵塞的情况

智慧家居

5G技术让智能设备的传输效率更快，
服务更快速更精确，提高设备的智能化程度

智慧安防

5G+人像识别和其他监控设备，
可实时提供高清的视频信息，
并将信息迅速传递给相关部门，
加快响应时间

图 3 – 24　智慧城市主要应用

1. 智慧交通

在一个智慧城市当中，交通是不可缺少的一环。云计算技术和5G相互结合，可以让车辆之间、车与道路之间实时进行信息交互，使各方得知道路交通情况、行驶速度、相对位置、行驶路径等。依靠5G的技术支持，可以大大减少交通堵塞的情况。如果是针对公共交通，用户可以通过App查询城市的公交实时情况、乘客情况、车辆信息、线路等。此外，利用智慧交通，还能根据城市内的具体停车情况为用户提供停车方案。

2. 智慧家居

相信目前，许多家庭都或多或少拥有智能化设备，例如智能音箱、智能风扇、智能灯管等。其实这些智能化设备的使用都离不开网络的支持，它们通过感知人们的指令，通过网络传输进行信息交互，为人们提供相应的服务。如果网络技术跟不上，那么这些智能设备所做出的反馈就跟不上，系统的体验就不会很友好，会大大降低人们对智能化生活的体验感。5G技术让这些智能设备的传输效率更快，让它们的服务更快速更精确，提高了设备的智能化程度。

3. 智慧安防

安全管控在每一个园区都需要非常重视，在智慧城市的规划当中，安防也是必须重点发展的。在 5G 网络的支持下，智慧城市建设在视频监控方面，通过人像识别和其他监控设备，加上 5G 网络，可以实时提供高清的视频信息，并对视频内的人像、物体进行识别，将信息迅速传递给相关部门，从而加快了响应时间。对于危险预警这一方面，有 5G 网络的支持，系统关联的危险感知设备、预警设备在预测到危险的时候，可以在第一时间通知相关人员。

中国智慧城市总体架构如图 3-25 所示。

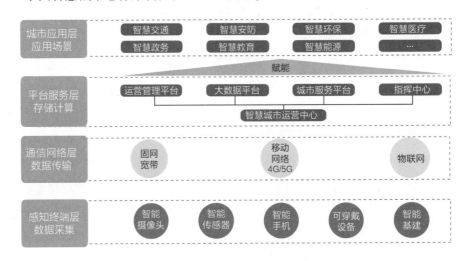

图 3-25　中国智慧城市总体架构

智慧城市的建设是可以完善的，5G 能给智慧城市增色不少，全球都致力于 5G 技术的研发。未来，5G 将会有更好的发展，在智慧城市中的应用也会越来越广泛。

3.5.7　无人驾驶

未来无人驾驶技术的核心是 V2X。V2X 包括 V2N、V2V、V2I、V2P 四个组成部分。

借助四个维度的无线通信，实现信息交换，再结合一些环境感知、智能决策等功能可以解决自动驾驶、道路安全的问题。

为了保证无人驾驶的安全性，将单车接入车联网系统，在单车智能系统达到极限之后，网络云端 AI 给汽车无人驾驶增加了一层保障，可以帮助预判其他车辆的行驶地点和时间，获取视觉范围之外的信息，达到无人驾驶精准判断，无人驾驶示意图如图 3 - 26 所示。

图 3 - 26　无人驾驶示意图

对车联网来说，5G 解决了数据传输速度和容量问题。4G 阶段的 LTE - V 仅可以支撑部分自动驾驶，完全无人驾驶必须依赖超低时延、高可靠的 5G 网络。5G 网络技术特性满足智能驾驶网络技术要求，尤其是在低时延、高可靠性方面，无论是专用短程通信技术（DSRC）还是目前基于 4G 的 LTE - V，都无法与之比拟。5G 网络将是完全自动驾驶落地的最后推手。

随着 5G 时代的到来，5G 超低时延的优势将提升车联网数据采集的及时性，保障车与人、车与车、车与路实时信息互通，消除无人驾驶安全风险，从而实现完全无人驾驶。

3.5.8　机器人

在 5G 时代下，机器人囊括了从基础设施到工业制造、从交通运输到远程医疗、从教育到商业等多个应用场景。

在传统制造领域，5G 技术切合了企业基于机器人转型升级对无线网络的应用需求，能满足生产环境下机器人互联和远程交互应用需求，利用 5G 网络将机器人无缝连接，并进一步打通设计、采购、仓储、物流等环节，使生产更加扁平化、定制化、智能化，实现数据共享、敏捷互联、应用云化、智慧决策，在工业控制、物流追踪、工业 AR、柔性制造等机器人应用场景起着重要支撑作用。

5G 机器人在农业领域使用中最为突出的自然是无人机，无人机可以大范围地向田地喷洒农药，还能进行浇水、播种等工作，大大降低了人力、物力的成本，同时提高了工作效率。

在智慧警务领域，通过 5G 与人工智能技术，无人机应用平台能够接入警务车、警用机器人、警用无人机等终端，实行有效的一体化管理，助力打击犯罪。比如在警用无人机方面，5G 高带宽、低时延的特性，可支持视频以高清的画面实时回传，让警务人员能够实时获取精确的现场情报。

除此之外，医疗机器人更是在抗击新冠肺炎疫情中发挥了重要作用。它们除了可以搬运物资、进行消杀工作等，还能应用于临床手术。经验丰富的外科医生可以通过操作机器人工具进行远程手术，而通过远程技术进行手术操作，其实并不完全是一项新的领域。但是 5G 技术不仅可以让手术实时进行，而且精确度更高。有了专门的设备，医学专家（如心脏外科或脑科医生）就可以为处于世界另一端的病人进行实时手术。这可以在时间紧迫、交通不便的情况下挽救更多人的生命。

3.6 5G 助力智能制造

3.6.1 从"物联"开始

5G 时代下，将更好地实现"物联"，如图 3 – 27 所示。

1. 不用受到传统网络的限制
- 整体上来看，5G 技术在通信网络中的应用就会使得传统的控制信号转变成多元信息，这种技术也将会为物联网的发展提供良好基础

2. 物联网的覆盖面积会不断扩大
- 在 5G 通信网络的基础上，不仅物联网的覆盖面积和频段会得到扩展，就连传统的终端通信模块的体积也会逐渐减小

3. 有关物联技术的创新思维会不断加强
- 在 5G 通信网技术的基础上，人们对于物联网技术的创新也将会不断加大，这样一来，物联网其他潜在的功能和作用也将会被充分地挖掘出来，从而为人们提供更好的服务

图 3 – 27　5G 物联网发展趋势

1. 不用受到传统网络的限制

5G 通信网络建成并广泛应用以后，人们上网的速度也将会大大加快，5G 技术的传输速率将远远超过 4G 技术，甚至是 100 倍之多。这将意味着人们在使用手机或者是其他电子产品来获取网络信息的时间会大大缩短，而且网络质量也会有明显提高。整体上来看，5G 技术在通信网络中的应用就会使得传统的控制信号转变成多元信息，这种技术也将会为物联网的发展提供良好的基础。

2. 物联网的覆盖面积会不断扩大

5G 通信网络不仅包括了设备直接通信和高频段传输，也包含了多天线传输等相关的先进技术，而且还会充分地增加各个终端之间的通信方式。

这样一来，在 5G 通信网络的基础上，不仅物联网的覆盖面积和频段会得到扩展，就连传统的终端通信模块的体积也会逐渐减小。

3. 有关物联网技术的创新思维会不断加强

由于 5G 技术的出现，很多人们在 4G 网络中不能享受到的功能，都会在未来得以运用。而且 5G 技术的研发，也为其他新技术的研发奠定了良好基础。例如在 5G 技术研发的基础上，人工智能将会得到有效的应用。除此之外，智能导航驾驶也将会逐渐地被研发和应用。

因此，在 5G 技术的基础上，人们对于物联网技术的创新也将会不断加大，这样一来，物联网其他潜在的功能和作用也将会被充分地挖掘出来，从而为人们提供更好的服务。

3.6.2　自动化控制生产

自动化控制是制造工厂中最基础的应用，核心是闭环控制系统。在该系统的控制周期内每个传感器进行连续测量，测量数据传输给控制器以设定执行器。

典型的闭环控制过程周期低至毫秒（ms）级别，因此系统通信的时延需要达到毫秒级别甚至更低，才能保证控制系统实现精确控制。

同时，自动化控制生产对可靠性也有极高的要求。如果在生产过程中由于时延过长，或者控制信息在数据传送时发生错误，则可能导致生产停机，会造成巨大的财务损失。

5G 驱动工业互联网闭环控制能力提升，如图 3 - 28 所示。

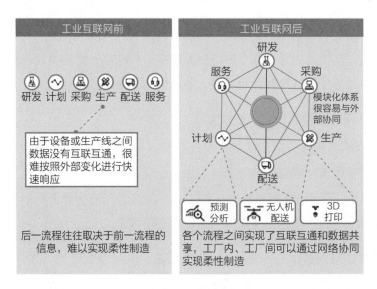

图 3 - 28 5G 驱动工业互联网后闭环控制能力提升

5G 可提供极低时延、高可靠性、海量连接的网络，使得闭环控制应用通过无线网络连接成为可能。基于 5G 网络的实测，空口时延可到 0.4ms，单小区下行速率达到 20Gbit/s，小区最大可支持 1000 万 + 连接数。由此可见，移动通信网络中仅有 5G 网络可满足闭环控制对网络的要求。

3.6.3 设备智能诊断

大型企业的生产场景中，经常涉及跨工厂、跨地域设备维护、远程问题定位等场景。传统的车间运行维护让工程师疲于奔波，消耗企业大量的人力物力。工厂中传感器连续监测的数据不断上传，日常制造数据庞大，大数据需作为设计必要考虑的重点。大连接、低时延的 5G 网络可以将工厂内海量的生产设备及关键部件进行互联，提升生产数据采集的及时性与 AI 感知能力，为生产流程优化、能耗管理提供网络支撑。

5G 具有百万级别的可连接物联网终端数量，在机械设备、工具、仪器、安全设备上加装压力、转速等传感器，通过增加 5G 物联网通信模块，将采集到的运行数据发送到云端，替代现有状态感知的有线传输方式，可满足端到端的数据传递要求。5G 传感器信号的无线传输，具有低时延、无相互干扰、可靠性高、传感器布局覆盖面更广的优势特性。

通过设备上传感器安装的广覆盖，直接将采集数据传递到云端，可进行大数据分析等。基于边缘计算、云端计算、数据分析，结合设备异常模型、专家知识模型、设备机理模型，对产品运行趋势分析后，可形成产品体检报告，提出预测性维护与维修建议。

边缘计算、云计算与知识库资源相结合，可建立分析模型，形成预测报告，建立设备维护与维修标准，提高设备有效作业率，提升设备使用寿命。设备智能诊断数据流转图如图 3 - 29 所示。

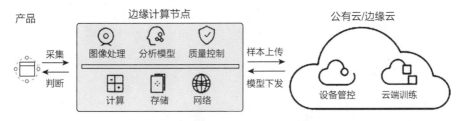

获取缺陷样本，对样本进行标注，云端进行训练，下发模型到边缘，边缘实现检测

图 3 - 29　设备智能诊断数据流转图

5G 广覆盖、大连接的特性有利于远程生产设备全生命周期工作状态的实时监测，使生产设备的维护工作突破工厂边界，实现跨工厂、跨地域的远程故障诊断和维修。可将设备状态分析等应用部署在云端，同时可将数据输入设备供应的远端云，启动预防性维护，实时进行专业的设备运维。

另外，三维模型的实时渲染需要极大的带宽支持，基于 5G 的 VR 技术运用于工业生产的故障检测中，可提升检测的安全性。借助 5G 的高速运算能力，可以有效识别异常数据，将数据与专家系统中的故障特征对比，形成基于 5G 的故障诊断系统。

3.6.4 物流智能跟踪

在物流方面,从仓库管理到物流配送均需要广覆盖、深覆盖、低功耗、大连接、低成本的连接技术。此外,虚拟工厂的端到端整合跨越产品的整个生命周期,要连接分布广泛的已售出的商品,也需要低功耗、低成本和广覆盖的网络,企业内部或企业之间的横向集成也需要无所不在的网络。

5G 对智能物流有关键性的推动作用。凭借 5G 的高速传输,货物从仓储到装车到在途再到最终送到,每个环节的所有数据均可以"实时"地传输到物流管理平台,实现真正实时化的监管和调度,再配合后台的智慧物流服务,可以进一步提高物流配送服务质量,全面提升物流的整体效率,如图 3-30 所示。

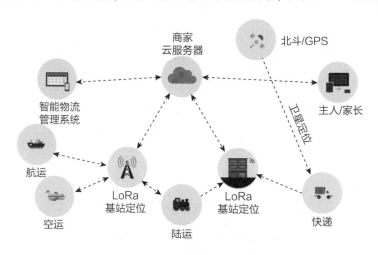

图 3-30 物流智能跟踪原理图

同时,已经有很多智能的机器人设备被用在实现自动化物流分拣、自动化物品传输等场景。在新一代 5G 的推动下,已经有很多地方开始使用人工智能技术,有很多机器人类似的硬件设备已经被用来为物流服务。

3.6.5 库存动态管理

随着科学技术、信息技术、自动化生产技术及商品化经济的迅速发展,生产中所需原材料、半成品、成品及流通环节中的各种物料的搬运、储存、配送及相应的信息已经不是孤立的事物。传统智能仓库包含仓储控制、仓库管理和仓储信息分析等。但由于 4G 网络的传输速率过慢及时延较高，传统仓储管理无法做到实时分析和及时盘库、自动补货。

5G + 智能仓储管理基于海量网络、即时通信及低时延、高可靠性等技术，对物料信息实时追踪，可实现连续补货；通过指导式的方式去协调各部分之间的关系促进立体仓库高效流转，适用于新型柔性制造需求。

5G 功能特色及优势在于降低了传统的智能立体仓库的时延，提升了智能立体仓库的运算能力，实现了仓储系统的自我运转及功能开发策略的提升。当智能立体仓库监测到库位信息后，在边缘端分析生产线中物料的运转情况，利用 5G 的特性极速盘库，得出生产线需求及库存信息。同时，智能立体仓库自行发送取货及补货指令给运输装置，即实现了立体仓库端到生产线端及运输设备端的信息互通。

3.7 5G 带来新的产业互联网

3.7.1 消费互联网与产业互联网的对比

互联网可以划分为产业互联网和消费互联网。一般来说，消费互联网面向的是普通消费者，宏观定义就是围绕满足消费者的个人体验展开的互联网模式。相对地，产业互联网是指用户是企业，或者可以说是商家，以输出产品作为互联网经济的一种形式。

随着 5G 的到来，行业应用呈现出差异化、垂直化、个性化的特征。人、物、车、仓库等都会在网络空间以数字化的方式来呈现，我们真正进入了一个和数字打交道的时代。这场由 5G 带来的颠覆传统互联网应用的革命，有人把它叫互联网的下半场，也是从消费互联网到产业互联网的转变过程，具体对比如图 3 – 31 所示。

服务终端主体不同
消费互联网：个人，主要是B2C的模式
产业互联网：企业，主要是B2B的模式

经济形态不同
消费互联网：属于个人经济
产业互联网：属于平台经济

产生背景不同
消费互联网：出现时间较早
产业互联网：最近才产生的

商业模式不同
消费互联网：通过爆款引流，从而引导嫁接达到变现的目的
产业互联网：价值经济，一方面贯通产业链，另一方面线上线下相结合协同发展

目标定位不同
消费互联网：满足个人需求，提升个人消费品质
产业互联网：企业模式的改造，主要是提升企业的运营效率

市场格局不同
消费互联网：格局已经基本形成
产业互联网：刚刚起步

图 3 –31　产业互联网和消费互联网的对比

产业互联网与消费互联网两者的主要差异体现在下面几个方面：

1. 两者的服务终端主体是不同的

产业互联网服务的是企业，主要是 B2B 的模式，而消费互联网则是服务于个人，主要是 B2C 的模式。

2. 两者的产生背景不同

消费互联网出现的时间较早一些，而产业互联网是最近才产生的。

3. 两者的目标定位不同

产业互联网目标定位是企业模式的改造，主要是提升企业的运营效率；而消费互联网的目标则是定位于满足个人需求，提升个人消费品质。

4. 两者的表现经济形态不同

产业互联网属于平台经济，消费互联网则属于个人经济。

5. 两者的商业模式不同

产业互联网的商业模式是价值经济，一方面贯通产业链，另一方面线上线下相结合协同发展。消费互联网则是通过爆款引流，从而引导嫁接达到变现的目的。

6. 两者的市场格局不同

消费互联网格局已经基本形成，而产业互联网则是刚刚起步而已。

虽然产业互联网与消费互联网的差异性很大，但是两者并不可以完全分隔开来，两者都在通过"互联网＋"模式，在客户需求和企业供给等方面具有共同性。两者具备一条完整的产业线，通过这条产业线，可以实现对双方有利的输入和输出，达到双赢的终极目的。因此，产业互联网和消费互联网将在很长的一段时间以"互生共存，相互促进"的方式在互联网经济中寻求发展和突破。

3.7.2　2C 到 2B 的转型并不容易

不同于消费互联网的自由规模效应，产业互联网的复杂性决定了企业家往往需要成为一个"全面手"，具备经验、积累、资源，了解行业。基于网络和人工智能的未来新机会，采用旧系统的公司，很难升级，需要跳出业务，适应新资本结构、新的团队、新的风格。

在历史上，2B 的企业有很多转型 2C 成功的案例，但 2C 的企业却很少有成功转型到 2B 的，或者，很多 2C 企业转型为 2B 以后经历痛苦挣扎，从社会关注中心变成了边缘型的不被看到的小而美公司，如图 3－32 所示。

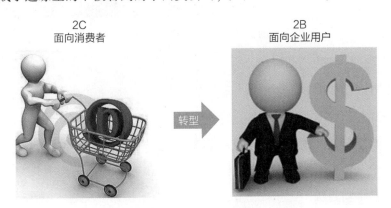

图 3－32　2C 到 2B 转型

这种转型的难度，一个方面就体现在商业模式和发展思维上的不同，互联网公司长期形成的通过烧钱积累用户和流量然后进行收割的思维，在 B 端很难行得通。

这是一个机遇，也是一个巨大的挑战。不同于 2C 爆炸式的互联网成长模式，2B 互联网需要更长的时间和更高的技术壁垒，这注定是一场马拉松式的工业革命。在这一趋势下，传统产业的转型，特别是制造业的升级，是 2B 产业互联网的主流发展方向。

3.7.3 产业互联网带动新机遇

根据对行业报告的分析，2025 年产业互联网产值将会超越 20 万亿元，产业互联网下一个 10 年的大机遇，对于个人和企业而言，机遇在哪里？

产业互联网新机遇如图 3 – 33 所示。

图 3 – 33　产业互联网新机遇

1. 推动产业创新升级

产业互联网能够使企业统揽全局，打通上下游，做大生态圈，降低生产流通成本、提高运作效率，实现个性化智能定制。

通过数字化、网络化、智能化手段对价值链不同环节、生产体系与组织方式、产业链条、企业与产业间合作等进行全方位赋能，推动产业效率变革。同时，实质性推动各次产业互联互通，农业、工业与流通、交通、物流、金融、科技服务等互动，推动硬件、物理基础设施与软件、数字化基础设施等一体化发展，推动产业链、供应链、创新链协同，提升产业生态体系复杂性、韧性、灵活性与市场反应能力。

2. 推动实体经济高质量发展

依托产业互联网平台，重塑实体经济产销、客户、供应链、生产制造等各类连接关系，有利于促进生产关系变革和生产力解放，为经济发展培育新的动能。发挥产业互联网平台要素集聚优势，集聚创新要素和创新资源，推动众创、众包等服务发展，有利于培育技术、产品、服务等创新交易市场，促进创新要素和资源流动，为实体经济发展注入新动能。

3. 促进产品与服务质量提升

发展产业互联网，加强网络信息技术在研发设计、生产制造、经营销售等各领域的应用，畅通供给侧和需求侧信息流通渠道，促进供求信息高效流动，让消费需求信息更加及时地指导生产供给，能够提升产品和服务精准、即时、有效供给的能力，促进产品服务质量提升。同时，深化互联网技术在产品和服务中的应用，能够提高产品和服务数字化、网络化和智能化水平，提升用户的获得感和体验感。

4. 推进产业组织和业态优化

产业互联网能够改变"大而全""小而全"的传统生产方式，按照专业化分工要求，推动企业业务重组、业务外包、联盟、供应链合作等，实现大范围的智能生产、柔性生产、精益生产、大规模个性化定制等。

3.7.4 产业互联网是下一个浪潮

随着人口红利消失殆尽、同行竞争激烈、监管政策趋严，消费互联网正在日益红海化。如果将消费互联网看作互联网发展的上半场，那么互联网发展的下半场将会属于产业互联网。产业互联网存在着巨大的市场空间，将带来下一波浪潮。

消费互联网的连接对象主要是人与个人计算机（PC）、手机等终端，其连接数量大约为35亿个，而产业互联网连接的对象包括人、设备、软件、工厂、产品，以及各类要素，其连接数量预估规模可达到数百亿。

　　整个消费互联网现有的 App 大约有几百万个，而初步估计，仅在工业领域，产业互联网需要的 App 数就需要 6000 万以上。巨大的市场潜力意味着巨大的商业机会。

　　未来 10 年，随着互联网对所有产业的重塑，这部分市场潜力将被逐渐释放出来。

　　从国民经济发展的角度来看，产业互联网的意义要比消费互联网更为重大。随着数字化资源通过各种形式源源不断渗透进产业链的每一个环节，新兴技术在产业互联网领域的应用逐渐从下游延伸至上游，从需求侧贯通至供给侧，价值贡献从依赖需求侧升级至需求提升与供给效率改进并重，终极目标是整个链条实现数据驱动、智能驱动，这是产业互联网未来演进的方向，如图 3 – 34 所示。

图 3 – 34　产业互联网未来演进的方向

第 4 章

智能制造基础

4.1 智能制造的基本概念

4.1.1 智能制造技术/智能制造系统

智能制造是工业 4.0 的重要组成部分，本质上是基于数据（信息、知识、模型）驱动的 C2B 制造模式，涉及用户需求、产品研发、工艺设计、智能生成、产品服务。

"智能"体现在两个层面：

1）面对 C 端个性化的、复杂的、不稳定、变化的需求如何去合理地根据 B 端已有的资源（组织、能力、原料、设备、库存、供应链），快速适配出解决方案，完成高品质的产品。

2）基于工厂内部人、设备、物料之间的信息互联、感知、优化、控制、执行。智能制造技术是利用计算机模拟制造业领域专家的分析、判断、推理、构思和决策等智能活动，并将这些智能活动和智能机器融合起来，将其贯穿应用与整个制造企业的子系统（经营决策、采购、产品设计、生产计划、制造装配、质量保证和市场销售等），以实现整个制造企业经营运作的高度柔性化和高度集成化，从而取代或延伸制造环境领域专家的部分脑力劳动，并对制造业领域专家的智能信息进行收集、存储、完善、共享、继承和发展，是一种极大地提高生产效率的先进制造技术。

  智能制造系统是一种由智能机器和人类专家共同组成的人机一体化智能系统，它在制造过程中能以一种高度柔性与集成度高的方式，借助计算机模拟人类专家的智能活动进行分析、推理、判断、构思和决策等，从而取代或者延伸制造环境中人的部分脑力劳动。

  同时，智能制造系统收集、存贮、完善、共享、集成和发展人类专家的智能。它具有自组织能力、自律能力、自学习和自维护能力，整个制造环境中具备智能继承的特征，如图4-1所示。

  新一代智能制造系统架构如图4-2所示。其中：人完成控制、分析决策、感知和认知学习等功能；信息系统负责构建自成长型知识库，建立认知学习系统，完成对物理系统的智能控制、智能信息交互和智能分析决策；物理系统则

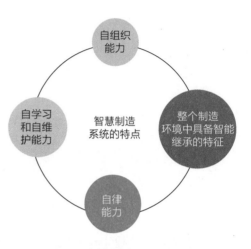

图4-1　智能制造系统的特点

负责人机接口、动力装置、工作装置、传感装置。如此，形成一个人、信息系统和物理系统的闭环控制、优化的体系。

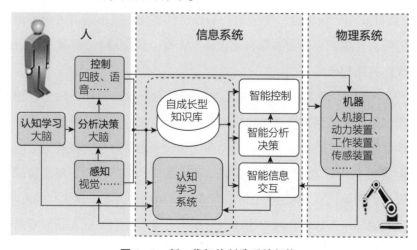

图4-2　新一代智能制造系统架构

4.1.2 智能制造的特点

如图 4 - 3 所示，智能制造有五大特点。

1. 生产设备网络化，实现车间"物联网"

2. 生产文档无纸化，实现高效、绿色制造

3. 生产数据可视化，利用大数据分析进行生产决策

4. 生产过程透明化，完善智能工厂的"神经"系统

5. 生产现场无人化，真正做到"无人"工厂

图 4 - 3 智能制造五大特点

1. 生产设备网络化，实现车间"物联网"

通过各种信息传感设备，实时采集任何需要监控、连接、互动的物体或过程等各种需要的信息，其目的是实现物与物、物与人、所有的物品与网络的连接，方便识别、管理和控制。

2. 生产文档无纸化，实现高效、绿色制造

传统制造业，在生产过程中会产生繁多的纸质文件，不仅产生大量的浪费现象，也存在查找不便、共享困难、追踪耗时等问题。实现无纸化管理后，工作人员在生产现场即可快速查询、浏览、下载所需要的生产信息，生产过程中产生的资料能够即时进行归档保存，大幅降低基于纸质文档的人工传递及流转，从而杜绝了文件、数据丢失，进一步提高了生产准备效率和生产作业效率，实现绿色、无纸化生产。构建绿色制造体系，建设绿色工厂，实现生产洁净化、废物资源化、能源低碳化。

3. 生产数据可视化，利用大数据分析进行生产决策

当信息技术渗透到了制造业的各个环节，条码、二维码、RFID、工业传感

器、工业自动控制系统、工业物联网、ERP、CAD/CAM/CAE/CAI 等技术广泛应用。在生产现场，每隔几秒就收集一次数据，数据日益丰富，利用这些数据可以实现很多形式的分析，包括设备开机率、主轴运转率、主轴负载率、运行率、故障率、生产率、设备综合效率（OEE）、零部件合格率、质量百分比等。通过分析这些大数据，就能清晰了解整个生产流程中每个环节是如何执行的，实现生产工艺的改进，实时纠偏，还可以建立产品虚拟模型以模拟并优化生产流程，乃至降低生产能耗与成本。

4. 生产过程透明化，完善智能工厂的"神经"系统

推进制造过程智能化，通过建设智能工厂，促进制造工艺的仿真优化、数字化控制、状态信息实时监测和自适应控制，进而实现整个过程的智能管控。在机械、汽车、航空、船舶、轻工、家用电器和电子信息等离散制造行业，企业发展智能制造的核心目的是拓展产品价值空间，侧重从单台设备自动化和产品智能化入手，基于生产效率和产品效能的提升实现价值增长。因此其智能工厂建设模式为推进生产设备（生产线）智能化，通过引进各类符合生产所需的智能装备，建立基于制造执行系统（MES）的车间级智能生产单元，提高精准制造、敏捷制造、透明制造的能力。

5. 生产现场无人化，真正做到"无人"工厂

工业机器人、机械手臂等智能设备的广泛应用，使工厂"无人化"制造成为可能。数控加工中心、智能机器人和三坐标测量仪及其他柔性制造单元，让"无人工厂"更加触手可及。

在离散制造企业生产现场，数控加工中心智能机器人和三坐标测量仪及其他所有柔性化制造单元进行自动化排产调度，工件、物料、刀具进行自动化装卸调度，可以达到（黑灯）无人值守的全自动化生产（Lights Out MFG）模式。在不间断单元自动化生产的情况下，管理生产任务优先和暂缓，远程查看管理单元内的生产状态情况。如果生产中遇到问题，一旦解决，立即恢复自动化生产，整个生产过程无须人工参与，真正实现"无人"智能生产。

4.1.3 智能制造国内外进展情况

20 世纪 80 年代，工业发达国家已开始对智能制造进行研究，并逐步提出智能制造系统和相关智能技术。进入 21 世纪，网络信息技术迅速发展，实现智能制造的条件逐渐成熟。

在国际金融危机之后，虚拟经济出现泡沫，传统制造业强国开始将重心转回实体制造，颁布了一系列发展智能制造的国家战略，期望以发展制造业刺激国内经济增长，巩固大国地位。

一些国家智能制造发展指数如图 4-4 所示。

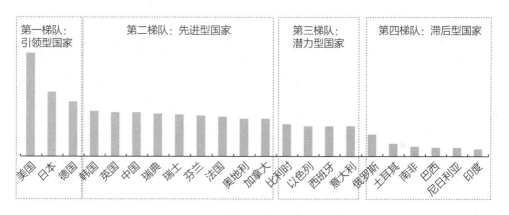

图 4-4　一些国家智能制造发展指数

1. 美国

美国率先通过先进制造伙伴计划，重新规划了本国的制造业发展战略，希望提升工业竞争力。美国总计投入超过 20 亿美元研究先进工业材料、创新制造工艺和基于移动互联网技术的第三代工业机器人，希望通过发展先进制造业，实现制造业的智能化升级，保持美国制造业价值链上的高端位置和制造技术的全球领先地位。

2. 欧洲

在欧洲，随着智能制造的兴起，各国都提出了相应的战略计划。欧盟在整合各国战略的基础上，提出"数字化欧洲工业计划"，用于推进欧洲工业的数字化进程。计划主要通过物联网、大数据和人工智能三大技术来增强欧洲工业的智能化程度。将5G、云计算、物联网、数据技术和网络安全五个方面的标准化作为发展重点之一，以增强各国战略计划之间的协同性。同时，投资5亿欧元打造数字化区域网络，大力发展区域性的数字创新中心，实施大型的物联网和先进制造试点项目，期望利用云计算和大数据技术把高性能计算和量子计算有效结合起来，以提升大数据在工业智能化方面的竞争力。

德国将工业4.0上升为国家级战略，期望做第四次工业革命的领导者，得到各界的支持。该计划是一项全新的制造业提升计划，其模式是通过工业网络、多功能传感器以及信息集成技术，将分布式、组合式的工业制造单元模块构建成多功能、智能化的高柔性工业制造系统。在生产设备、零部件、原材料上装载可交互智能终端，借助物联网实现信息交互、实时互动，使机器能够自决策，并对生产进行个性化控制。同时，新型智能工厂可利用智能物流管理系统和社交网络，整合物流资源信息，实现物料信息快速匹配，改变传统生产制造中人、机、料之间的被动控制关系，提高生产效率。

3. 日本

日本则是提出创新工业计划，大力发展网络信息技术，以信息技术推动制造业发展。通过加快发展协同机器人、多功能电子设备、嵌入式系统、智能机床和物联网等技术，打造先进的无人化智能工厂，提升国际竞争力。制造业工厂十分注重自动化、信息化与传统制造业的融合发展，已经广泛普及了工业机器人，通过信息技术与智能设备的结合、机器设备之间的信息高效交互，形成新型智能控制系统，大大提高了生产效率和稳定性。2016年，日本发布工业价值链计划，提出"互联工厂"的概念，联合100多家企业共同建设日本智能制造联合体。同时，以中小型工业制企业为突破口，探索企业相互合作的方式，并将物联网引入实验室，加大工业与其他各领域的融合创新。

4. 中国

中国对智能制造的研究开始于20世纪80年代，虽取得了一些成果，但研究规模一直较小，没有形成完整的研究体系。

随着中国政府及企业逐渐加大了对智能制造的关注和投入以及《中国制造2025》的正式发布，中国发展智能制造产业的政策逐步完善，以发展先进制造业为核心目标，提升制造业的核心技术。

到 2015 年，中国拥有 39 个工业大类、191 个中类、525 个小类，成为全世界唯一拥有联合国产业分类中全部工业类的国家。

智能制造的国内外进展如图 4 - 5 所示。

国家	政策	目标内容
美国	先进制造伙伴计划	通过发展先进制造业，实现制造业的智能化升级，保持美国制造业价值链上的高端位置和制造技术的全球领先地位
欧盟	数字化欧洲工业计划	1）通过物联网、大数据和人工智能三大技术来增强欧洲工业的智能化程度 2）打造数字化区域网络，以提升大数据在工业智能化方面的竞争力
德国	工业 4.0	1）建成多功能、智能化的高柔性工业制造系统 2）使机器能够自决策，并对生产进行个性化控制 3）新型智能工厂可利用智能物流管理系统和社交网络，整合物流资源信息，实现物料信息快速匹配，提高生产效率
日本	创新工业计划	通过加快发展协同机器人、多功能电子设备、嵌入式系统、智能机床和物联网等技术，打造先进的无人化智能工厂，提升国际竞争力
中国	中国制造 2025	发展先进制造业

图 4 - 5 智能制造的国内外进展

4.2 智能制造的"智能"从何而来

4.2.1 人工带来的智能

人工带来的智能即人工智能，它是研究、开发用于模拟、延伸和扩展人的智能的理论、方法、技术及应用系统的一门新的技术科学。

人工智能是计算机科学的一个分支，它企图了解智能的实质，并生产出一种新的能以与人类智能相似的方式做出反应的智能机器，该领域的研究包括机器人、语言识别、图像识别、自然语言处理和专家系统等。

人工智能从诞生以来，理论和技术日益成熟，应用领域也不断扩大，可以设想，未来人工智能带来的科技产品，将会是人类智慧的"容器"。人工智能可以对人的意识、思维的信息过程进行模拟。

人工智能不是人的智能，但能像人那样思考、也可能超过人的智能，如图 4-6 所示。

人工智能是一门极富挑战性的科学，从事这项工作的人必须懂得计算机知识、心理学和哲学。人工智能包括十分广泛的科学，它由不同的领域组成，如机器学习、计算机视觉等。

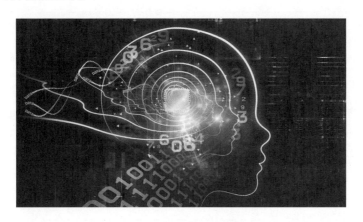

图 4-6　人工智能示意图

总的说来，人工智能研究的一个主要目标是使机器能够胜任一些通常需要人类智能才能完成的复杂工作。但不同的时代、不同的人对这种"复杂工作"的理解是不同的。2017 年 12 月，人工智能入选"2017 年度中国媒体十大流行语"。

智能制造是一种由智能机器和人类专家共同组成的人机一体化智能系统，它在制造过程中能进行智能活动，诸如分析、推理、判断、构思和决策等。人与智能机器的合作共事，可扩大、延伸和部分地取代人类专家在制造过程中的脑力劳动。智能制造更新了制造自动化的概念，扩展到柔性化、智能化和高度集成化。

人工智能在制造业的应用场景如图 4-7 所示。

图 4 – 7 人工智能在制造业的应用场景

4.2.2 数据带来的智能

数据带来的智能即数据智能，它是指基于大数据引擎，通过大规模机器学习和深度学习等技术，对海量数据进行处理、分析和挖掘，提取数据中所包含的有价值的信息和知识，使数据具有"智能"，并通过建立模型寻求现有问题的解决方案以及实现预测等。数据发展历程如图 4 – 8 所示。

图 4 – 8 数据发展历程

智能是一个过程，包含了感知、认识，根据目的做出决策并采取行动，以得到所期望的效果这样一个循环过程。

更完整一点来说，它还包括学习、调整和适应的环节。数据分析在智能工厂中的作用主要在于及时、准确地认识设备运行和生产运营的状态，并相应做出正确的判断和决策。

通俗一点而言，数据和分析对智能制造的作用就如同燃料和引擎对飞机或者电力和电动机对机床一样——在智慧生产和运营中，数据是燃料和电力，而数据分析则是驱动引擎。

实现智能制造的一个关键在于怎样收集和分析设备的数据，并将其结果即时反馈到设备的运行和运营中，以及怎样将这些分析结果与其他业务信息融合，以推动生产的全面智能化。

4.3 5G 驱动的智能

4.3.1 物联网带来感知

物联网被认为是继计算机、互联网与移动通信网之后的世界信息产业第三次浪潮。物联网是以感知为前提，实现人与人、人与物、物与物全面互联的网络。

在物体上植入各种微型芯片，用这些传感器获取物理世界的各种信息，再通过局部的无线网络、互联网、移动通信网等各种通信网络将信息交互传递，从而实现对世界的感知。

物联网感知层是物联网的核心，是信息采集的关键部分。它可以通过传感网络获取环境信息。它相当于物联网的五官和皮肤，用于识别外界物体和采集信息。感知层解决的是人类世界和物理世界的数据获取问题。

感知层由基本的感应器件（例如 RFID 标签和读写器、各类传感器、摄像头、GPS、二维码标签和识读器等基本标识和传感器件）以及感应器组成的网络（例如 RFID 网络、传感器网络等）两大部分组成，如图 4 - 9 所示。

感知层的两大组成部分 　　　　　　感知层的核心技术和产品

感应器件
· 例如RFID标签和读写器、各类传感器、摄像头、GPS、二维码标签和识读器等基本标识和传感器件

感应器组成的网络
· 例如RFID网络、传感器网络等

核心技术
· 射频技术、新兴传感技术、无线网络组网技术、现场总线控制技术（FCS）等

核心产品
· 传感器、电子标签、传感器节点、无线路由器、无线网关等

图 4 - 9　物联网感知层的构成

该层的核心技术包括射频技术、新兴传感技术、无线网络组网技术、现场总线控制系统（FCS）技术等，涉及的核心产品包括传感器、电子标签、传感器节点、无线路由器、无线网关等。

物联网技术已成为构建智能世界的主要驱动之一，成了维系人与人、设备与设备、人与设备之间的纽带，打破了"数据困境"的壁垒，形成了各种各样的信息，万物互联正是科技发展驱动下的必然产物。

4.3.2　5G 沉淀各种数据

互联网的飞速发展，为这个世界沉淀了海量的信息与数据，但是由于网络传输速度较慢，网络数据的存储与传输依然受限。5G 时代的来临，打破了网络存储和传输的限制，昔日的互联网已经逐步演变为物联网，由此也带来数据维度的变革，随之产生的数据类型也将进一步丰富，物联网感知基础数据量快速增长，刺激行业大数据深度应用的大爆发，各行各业产生更大量级的数据。

4.3.3　边缘计算提供设备智能

据预测，到 2025 年，世界上的物联网设备数量将超过 1000 亿台。这些设备小到一些基本的传感器节点，只负责记录传感数据并提交用以支撑云端计算的数据；大到一些基站等边缘节点，能够处理和分析传入的信息，在本地利用有限的资源进行一些简单的任务。

在这样的设备规模下，传统的云计算架构已无法满足如此大量的计算任务，边缘计算由此诞生。

边缘计算将计算、网络、存储等能力扩展到物联网设备附近的网络边缘侧，而以深度学习为代表的人工智能技术让每个边缘计算的节点都具有计算和决策的能力，这使得某些复杂的智能应用可以在本地边缘端进行处理，满足了敏捷连接、实时业务、数据优化、应用智能、安全与隐私保护等方面的需求。

我们用边缘设备自身的运算和处理能力直接就近处理绝大部分物联网任务，不仅可以降低数据中心工作负担，还可以更及时准确地对边缘设备的不同状态做出响应,让边缘设备真正变得智能起来。

目前,边缘计算与人工智能的互动融合正深入推动智慧城市、智能制造、车联网等应用的发展,促进了产业的实现与落地,为全面提升智能化水平提供了重要保障,给人们的生产生活带来了便利。

4.3.4 5G 驱动的万物智能

5G 是物联网发展的坚实基础,人工智能是物联网广泛应用的催化剂,人工智能技术、云计算和 5G 等各项技术的融入,赋予了机器"思考"的能力,打破了各类应用场景的边界,将万物互联推向了万物智能时代,如图 4 - 10 所示。

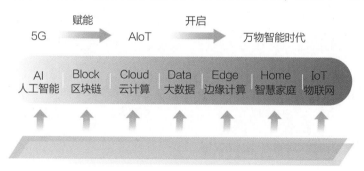

图 4 - 10   5G 万物智能时代

智能物联网落地应用越来越多,进入我们生活的方方面面。例如在未来 5G 时代的智能家居应用场景中,各类智能家电通过 5G 网络接入云端,不仅免于布线困扰,更能基于用户习惯进行深度学习,有助于打造属于顾客的智能私人管家。由点及面,5G 网络将每个智慧家庭再次连接,从而构建未来的智慧城市。

4.4   智能制造的关键技术

4.4.1   新型传感技术

传感器技术是实现智能制造的基石。大量传统制造业在实现智能制造的转型过程中,广泛地在生产、检测及物流领域采用传感器。高性能、高可靠性的多功能复杂自动测控系统，以及基于射频识别技术的物联网的兴起与发展，越发凸显了具有感知、认知能力的智能传感器的重要性及其快速发展的迫切性。新型传感技术应用行业如图 4 – 11 所示。

典型应用场景

场景一

场景二

场景三

场景四

场景五

机械制造行业
如通过传感器对数控机床的加工状态、刀具状态、磨损情况以及能耗等过程进行实时监控等

汽车制造行业
如基于光学传感通过测量产品关键尺寸、表面质量、装配效果等，确保出厂产品合格等

高端装备行业
如航空发动机装备的智能传感器使控制系统具有故障自诊断和处理能力

工业电子领域
如可穿戴设备最基本的功能就是通过传感器实现运动传感

流程行业
如石化、冶金等行业需要大量气体传感器应用于安全防护，防止中毒与爆炸事故

图 4 – 11　新型传感技术应用行业

随着新材料、新技术的广泛应用，基于各种功能材料的新型传感器件得到快速发展，对制造的影响愈加显著。未来，智能化、微型化、多功能化、低功耗、低成本、高灵敏度、高可靠性将是新型传感器件的发展趋势，新型传感材料与器件将是未来智能传感技术发展的重要方向。

1. 机械制造行业

在机械制造行业广泛采用的数控机床（见图 4 – 12）中，现代数控机床在检测位移、位置、速度、压力等方面均部署了高性能传感器，能够对加工状态、刀

图 4 – 12　现代数控机床

具状态、磨损情况以及能耗等过程进行实时监控，以实现灵活的误差补偿与自校正，实现数控机床智能化的发展趋势。

此外，基于视觉传感器的可视化监控技术的采用，使得数控机床的智能监控变得更加便捷。

2. 汽车制造行业

汽车制造行业应用智能传感也较多。以基于光学传感的机器视觉为例，它在工业领域的三大主要应用有视觉测量、视觉引导和视觉检测。

在汽车制造行业，视觉测量技术通过测量产品关键尺寸、表面质量、装配效果等，可以确保出厂产品合格；视觉引导技术通过引导机器完成自动化搬运、最佳匹配装配、精确制孔等，可以显著提升制造效率和车身装配质量；视觉检测技术可以监控车身制造工艺的稳定性，同时也可以用于保证产品的完整性和可追溯性，有利于降低制造成本。

3. 高端装备行业

高端装备行业的传感器多应用在设备运维与健康管理环节。例如航空发动机装备的智能传感器，使控制系统具备故障自诊断、故障处理能力，提高了系统应对复杂环境和精确控制的能力。

基于智能传感技术，综合多领域建模技术和新型信息技术，可构建出可精确模拟物理实体的数字孪生体。该模型能反映系统的物理特性和应对环境的多变特性，实现发动机的性能评估、故障诊断、寿命预测等。

同时基于全生命周期多维反馈数据源，数字孪生体模型在行为状态空间迅速学习和自主模拟，预测对安全事件的响应，并通过物理实体与数字实体的交互数据对比，及时发现问题，激活自修复机制，减轻损伤和退化，有效避免具有致命损伤的系统行为。

4. 工业电子领域

工业电子领域，在生产、搬运、检测、维护等方面均涉及智能传感器，如机械臂、自动导引车（Automated Guided Vehicle，AGV）、自动光学检测（Automated

Optical Inspection，AOI）装备等。在消费电子和医疗电子产品领域，智能传感器的应用更多样化。

例如，智能手机中比较常见的智能传感器有距离传感器、光线传感器、重力传感器、图像传感器、三轴陀螺仪和电子罗盘等。可穿戴设备最基本的功能就是通过传感器实现运动传感，通常内置微机电系统（Micro-Electro-Mechanical System，MEMS）加速度计、心率传感器、脉搏传感器、陀螺仪、MEMS 麦克风等多种传感器。智能家居（如扫地机器人、洗衣机等）涉及位置传感器、接近传感器、液位传感器、流量和速度控制传感器、环境监测传感器、安防感应传感器等。

5. 流程行业

相比于离散行业，流程行业应用传感器的环节和数量更多，特别是石化、冶金等行业，整个生产、加工、运输、使用环节会排放较多危险性、污染性气体，需要对一氧化碳、二氧化硫、硫化氢、氨气、环氧乙烷、丙烯、氯乙烯、乙炔等毒性气体和苯、醛、酮等有机蒸气进行检测，需要大量气体传感器应用于安全防护，防止中毒与爆炸事故。

此外，在原料配比管理、工艺参数控制、设备运维与健康管理方面均需部署大量传感器。

4.4.2　系统协同技术

智能制造的系统协同技术旨在推动 5G、互联网、大数据与制造业融合，提升制造业数字化、网络化、智能化水平，加强产业链协作，推进智能制造、大规模个性化定制、网络化协同制造和服务型制造，加快形成制造业网络化产业生态体系。

系统协同制造模式下，制造业企业将不再自上而下地集中控制生产，不再从事单独的设计与研发环节，或者单独的生产与制造环节，或者单独的营销与服务环节，而是从顾客需求开始，到接受产品订单、寻求合作生产、采购原材料或零部件、共同进行产品设计、生产组装，整个环节都通过互联网连接起来并进行实时通信，制造过程与业务管理系统深度集成，通过对生产要素的高度灵活配置，从而确保最终产品满足大规模客户的个性化定制需求，如图 4 – 13 所示。

图 4 – 13　系统协同制造模式

4.4.3　模块化嵌入式技术

嵌入式是一种专用的计算机系统，作为装置或设备的一部分。通常，嵌入式系统是一个控制程序存储在 ROM 中的嵌入式处理器控制板。

事实上，所有带有数字接口的设备，如手表、微波炉、录像机、汽车等，都使用嵌入式系统，有些嵌入式系统还包含操作系统，但大多数嵌入式系统都是由单个程序实现整个控制逻辑。如图 4 – 14 所示为嵌入式模块化计算机的工作模式。

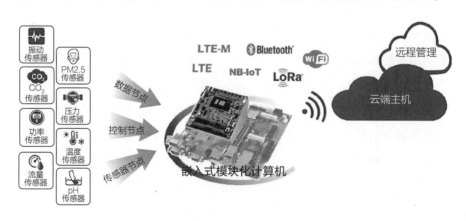

图 4 – 14　嵌入式模块化计算机的工作模式

模块化嵌入式技术包括有不同结构的模块化硬件设计技术，微内核操作系统和开放式系统软件技术，组态语言和人机界面技术，以及实现统一数据格式、统一编程环境的工程软件平台技术等。模块化嵌入式技术近年来得到了飞速的发展，涉及的产业和领域非常广泛，例如手机、PDA$^{\ominus}$、车载导航、工控、军工、多媒体终端、网关、数字电视等。

4.4.4 控制及优化技术

目前，企业主要都是采用企业资源计划（ERP）和制造执行系统（MES）两层结构的信息化管理系统来实现企业经营和生产过程的管理（见图 4–15）。

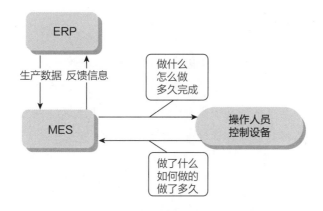

图 4–15 ERP 和 MES 信息化管理系统

信息化管理系统主要包括经营决策系统、企业资源计划系统、制造执行系统、供应链系统和能源管理系统，是企业经营与生产管理的信息化平台。

但大部分企业的信息化管理系统主要都是解决流程控制和经营管理问题，而决策和分析主要还是依赖知识工作者凭知识和经验来完成。

信息化管理系统通过建立人机合作的智能优化决策体系，来提供智能优化决策和分析，并实现实时感知监控市场信息、生产条件和制造流程运行情况。决策体系提供企业目标、计划调度、运行指标、生产指令与控制指令的一体化优化决

　　㊀　PDA 为 Personal Digital Assistant 的简写，直译为个人数字助手，又称为掌上电脑。

策建议，可以通过移动可视化远程监控决策过程，还可以通过自学习与自优化决策，实现人与智能优化决策系统协同，使决策者在动态变化环境下精准优化决策。

4.4.5　故障诊断及健康维护

故障诊断及健康维护是以状态为依据的维修，是对设备进行连续在线的状态监测及数据分析，诊断并预测设备故障的发展趋势，提前制订预测性维护计划并实施检维修的行为。

总体来看，预测性维护中，状态监测和故障诊断是判断预测性维护是否合理的根本所在，而状态监测是承上启下的重点环节。

根据故障诊断及状态监测得出的维修决策，形成维修活动建议，直至实施维修活动。可以说，故障诊断及健康维护通盘考虑了设备状态监测、故障诊断、预测、维修决策支持等设备运行维护的全过程。

从技术角度来说，故障诊断及健康维护包括在线或远程状态监测与故障诊断技术、自愈合调控与损伤智能识别健康维护技术、重大装备的寿命测试和剩余寿命预测技术、可靠性与寿命评估技术等，如图 4 – 16 所示。

图 4 – 16　故障诊断及健康维护包含的技术

4.4.6　精密制造技术

精密制造技术是指零件毛坯成形后余量小或无余量、零件毛坯加工后精度达亚微米级的生产技术总称。它是近净成形与近无缺陷成形技术、超精密加工技术与超高速加工技术的综合集成，如图 4 – 17 所示。

近净成形与近无缺陷成形技术	超精密加工技术	超高速加工技术
• 特点：优质、高效、轻量化、低成本 • 涉及领域：铸造成形、塑性成形、精确连接、热处理改性、表面改性、高精度模具	• 主要包括：超精密加工的设备制造技术，超精密加工工具及刃磨技术，超精密测量技术和误差补偿技术	• 主要包括：超高速主轴单元制造技术，超高速进给单元制造技术，超高速加工用刀具与磨具制造技术，超高速加工在线自动检测与控制技术

图 4 –17　精密制造技术

近净成形与近无缺陷成形技术改造了传统的毛坯成形技术，使机械产品毛坯成形实现由粗放到精化的转变，使外部质量做到无余量或接近无余量，内部质量做到无缺陷或接近无缺陷，实现优质、高效、轻量化、低成本的成形。该项技术涉及铸造成形、塑性成形、精确连接、热处理改性、表面改性、高精度模具等专业领域。

超精密加工技术是指被加工零件的尺寸精度高于 $0.1\mu m$，表面粗糙度 Ra 小于 $0.025\mu m$，以及所用机床定位精度的分辨率和重复性高于 $0.01\mu m$ 的加工技术，亦被称为亚微米级加工技术，且正在向纳米级加工技术发展。超精密加工技术主要包括：超精密加工的设备制造技术，超精密加工工具及刃磨技术，超精密测量技术和误差补偿技术。

超高速加工技术是指采用超硬材料的刀具，通过极大地提高切削速度和进给速度来提高材料切除率、加工精度和加工质量的现代加工技术。超高速加工的切削速度范围因不同的工件材料、不同的切削方式而异。

目前，一般认为，超高速切削各种材料的切削速度范围为：铝合金已超过 1600m/min，铸铁为 1500m/min，超耐热镍合金达 300m/min，钛合金达 150～1000m/min，纤维增强塑料为 2000～9000m/min。各种切削工艺的切削速度范围为：车削 700～7000m/min，铣削 300～6000m/min，钻削 200～1100m/min，磨削

15 000m/min 以上等。

超高速加工技术主要包括超高速主轴单元制造技术、超高速进给单元制造技术、超高速加工用刀具与磨具制造技术、超高速加工在线自动检测与控制技术等。

4.5　5G 如何支撑智能制造关键技术

4.5.1　物联网传感及实时传输

5G 中的物联网是通过各种信息传感设备，实时采集任何需要监控、连接、互动的物体或过程等各种需要的信息，与互联网结合形成的一个巨大网络。图 4 – 18 所示是物联网常用传感器分类。

智能传感器
• 具有自学习、自诊断和自补偿能力、复合感知能力以及灵活的通信能力。这样，传感器在感知物理世界的时候反馈给物联网系统的数据就会更准确、更全面，达到精确感知的目的

MEMS
• 是一种微型器件或系统，这种小体积、低成本、集成化、智能化的传感系统是未来传感器的重要发展方向，也是物联网的核心

无线传感器
• 物联网系统需要根据应用的领域和具体的需求去布置大量的传感器，这样传感器与物联网系统就不可能采用物理连接的方式，而必须采用无线信道来传输数据和通信

图 4 – 18　物联网常用传感器分类

1. 无线传感器

不管是在智能交通、智慧城市、智能农业、工业物联网，还是野外灾害预防等领域，人类想要做到对于物理世界的全面感知，首先要确保感知层获得的数据要全面和准确。这也就是说物联网系统需要根据应用的领域和具体的需求去布置大量的传感器，甚至有需要时会采取飞机播撒的方式来进行大范围布置。这样的话，传感器与物联网系统就不可能采用物理连接的方式，而必须采用无线信道来

传输数据和通信。

2. 智能传感器

智能传感器是用嵌入式技术将传感器与微处理器集成为一体，使其成为具有环境感知、数据处理、智能控制与数据通信功能的智能数据终端设备。借助 5G 的边缘计算，智能传感器可以具有自学习、自诊断和自补偿能力、复合感知能力以及灵活的通信能力。这样，传感器在感知物理世界的时候反馈给物联网系统的数据就会更准确、更全面，达到精确感知的目的。图 4-19 所示为智能传感器示例。

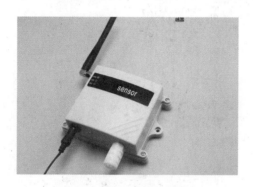

图 4-19　智能传感器示例

3. MEMS

MEMS 是利用传统的半导体工艺和材料，集微型传感器、微型执行器、微机械机构以及信号处理和控制电路，直至接口、通信和电源等于一体的微型器件或系统。这种小体积、低成本、集成化、智能化的传感系统是未来传感器的重要发展方向，也是物联网的核心。

借助 5G 中的 URLLC 技术，实时传输就是数据正在变化的那一刻，立即由控制端的控制器传给被控对象，或者由被控对象传给控制器，即发送端和接收端几乎是同步的。在万物互联的场景中，机器类通信、大规模通信和关键任务通信对网络的速度、稳定性和实时性提出了极高的要求。

4.5.2　实时性协同通信机制

"协同"是体现在企业硬性管理之外的跨部门、跨区域之间进行协作的软性管理机制，因为协同作业的过程无法用标准的管理制度固定下来，或者说固定下来之后就不能再称之为协同了。协同通信与协同办公软件不同，协同通信更多是体现在协同过程的操作上，也就是协同工具。

如图 4 - 20 所示，协同通信价值主要体现在三个方面，即通信管理、时间管理和客户管理。

通信管理
- 即企业的沟通，通过多种沟通渠道、通信方式相互融合，达到统一沟通、移动办公的目的，企业沟通通过企业流程为协作而存在，而协作需要有效的执行

时间管理
- 通过主次分明的记录和上级的不定时监督，提升员工的执行力

客户管理
- 是一个贯穿全局的事情，对每个客户的售前、售中、售后，所有的进度尽在掌握中，客户信息不会因传递失误而七零八落，也不会张冠李戴，更不会因为业务员的离职而流失

图 4 - 20　协同通信价值

这三个方面通过互相联系、互相影响而发挥最大价值。通信管理即企业的沟通，通过多种沟通渠道、通信方式相互融合，达到统一沟通、移动办公的目的。企业沟通通过企业流程为协作而存在，而协作需要有效的执行。执行又靠时间管理。通过主次分明的记录和上级的不定时监督，提升员工的执行力。客户管理则是一个贯穿全局的事情，对每个客户的售前、售中、售后，所有的进度尽在掌握中，客户信息不会因传递失误而七零八落，也不会张冠李戴，更不会因为业务员的离职而流失。

借助 5G，实时性协同通信机制是针对政企客户协同办公、CT 和 IT 应用融合的业务需求而制定的综合解决方案。以政企客户电话号码为依托，实现语音、视频、即时通信、数据等多种通信功能的有效集成，为客户提供功能丰富、协同便捷的沟通环境，实现实时、高效的通信，帮助团队实现无障碍沟通与协作。

4.5.3 基于实时计算的控制及优化

实时控制是制造工厂中最基础的应用，核心是闭环控制系统。在该系统的控制周期内每个传感器进行连续测量，测量数据传输给控制器以设定执行器。典型的闭环控制过程周期低至毫秒级别，因此系统通信的时延需要达到毫秒级别甚至更低才能保证控制系统实现精确控制，同时系统对可靠性也有极高的要求。在生产过程中如果时延过长，或者控制信息在数据传送时发生错误，则可能导致生产停机，会造成巨大的生产经营损失。5G 为实时计算的控制提供了技术基础。

在实时计算过程中（见图 4-21），第一，需要提供实时 ETL[○] 能力，集成实时计算现有的诸多数据通道和 SQL 灵活的加工能力，对实时数据进行清洗、归并、结构化处理。同时还可以为离线数据仓库进行有效的补充和优化，为数据实时传输提供可计算通道。第二，需要实时报表能力，依托实时采集、实时数据加工存储，可以实时监控和展现业务、客户各类指标，让数据化运营实时化。第三，可以实时监控预警，对系统和用户行为进行实时检测和分析，及时发现危险行为。

实时ETL能力
• 对实时数据进行清洗、归并、结构化处理
• 为数据实时传输提供可计算通道 01

实时报表能力
• 可以实时监控和展现业务、客户各类指标，让数据化运营实时化 02

实时监控预警能力
• 可以实时监控预警，对系统和用户行为进行实时检测和分析，及时发现危险行为 03

图 4-21 实时计算需要的能力

有了 5G 的加入，实时计算控制及优化可以得到很大提升。5G 能提供极低时延、高可靠、海量连接的网络，使得闭环控制应用通过无线网络连接成为可能。

○ ETL 为 Extract - Transform - Load 的简写，表示数据的抽取、转换和加载。

因此，移动通信网络中仅有 5G 网络才能满足实时闭环控制对网络的要求。

4.5.4　基于知识图谱的故障诊断及维护

制造业中故障问题千奇百怪，故障数据冗多繁杂，相互之间没有有机联系，大多为非结构化数据，存在于各类故障诊断报表和故障案例库中。

将这些数据整合筛选，从中抽取出有用的信息，利用现代先进知识图谱技术与机器学习技术相结合，构建集合了领域专家经验的故障诊断领域知识库，对于整个行业的知识存储、知识检索以及诊断推理具有重要的意义。

基于知识图谱的智能网络故障诊断分为五个步骤，如图 4 - 22 所示。

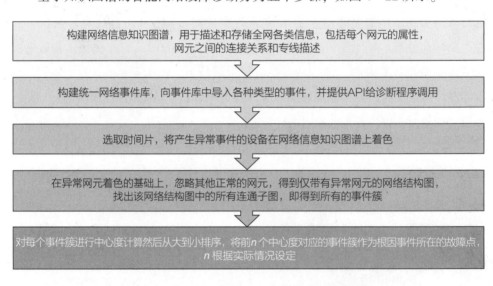

图 4 - 22　基于知识图谱的智能网络故障诊断步骤

1）构建网络信息知识图谱，用于描述和存储全网各类信息，包括每个网元的属性，网元之间的连接关系和专线描述。

2）构建统一网络事件库，向事件库中导入各种类型的事件，并提供 API 给诊断程序调用。

3）选取时间片，将产生异常事件的设备在网络信息知识图谱上着色。

4）在异常网元着色的基础上，忽略其他正常的网元，得到仅带有异常网元的网络结构图，找出该网络结构图中的所有连通子图，即得到所有的事件簇。

5）对每个事件簇进行中心度计算然后从大到小排序，将前 n 个中心度对应的事件簇作为根因事件所在的故障点，n 根据实际情况设定。

4.5.5 精准控制下的精密制造

大部分制造行业都需要提高其生产的精密度。精密制造（见图 4 – 23）提供的都是制造业的关键零部件，是产业链的最顶端，是利润最丰厚的核心部分。

图 4 – 23　精密制造示例

以空客、波音为代表的飞机，以苹果、三星、华为为代表的手机，以通用、大众为代表的汽车等，都需要大量的精密制造类产品。

从规模上来看，精密制造业可以覆盖整个制造业的大约 1/3。

依靠传统的 WiFi 等网络传输方式支持的自动化生产线，尽管能够实现信息高速传递，但很难解决因带宽有限带来的网络延迟现象，这对于精密制造的关键零部件影响非常大。5G 拥有广连接、高带宽、低时延、计算量大的特点，对生产线的柔性程度和灵活性提升非常大。

同时还可以结合 VR/AR 技术，采用计算机模拟合成的办法，实现对智慧工厂场景的虚拟。在视觉设备中实现 360° 流畅的实时车间生产立体画面，可更好地帮助生产管理人员实时了解车间的工作进度、质量状况、设备状态，及时根据各种状况进行反应和调整。

4.6 智能制造展望

4.6.1 个性化、可配置的概念构想

智能制造大大提升了整个工业的生产效率，可以通过智能技术，把需求方和供给方直接相连接，通过灵活生产，将大工业时代的标准化制造变成个性化制造。比如现在电子商务发展迅速，可以快速收集客户真实需求信息，如果把这些需求和智能工厂对接，就可以实现个性化制造这一目标。这也是一种典型的"互联网＋"的应用方式。

此外，如果进一步利用大数据技术，更加精准地分析客户需求，可以进一步实现需求和供给的精密对接，减少资源浪费，真正做到定制化、配置化生产方式。这种定制化生产方式，已经有了一些雏形，例如定制化马克杯、定制化 T恤等。

未来这种定制将会逐渐扩展范围，未来复杂产品，例如定制化汽车、定制化智能手机等也有望逐渐出现。

5G 支撑了大数据和人工智能的存储、计算环境，能支撑个性化制造等的基础，便于提升产业的智能化设计水平。

4.6.2 全新设计方法：衍生式设计

衍生式设计是一种人工智能技术，它利用远程服务和机器学习的强大功能，可加快整个设计到制造的流程。衍生式设计技术可在生产流程早期探索制造的成果，并针对成本、材料和不同制造技术进行优化，从而加快上市。

衍生式设计技术可以提高设计自由度并引领创新潮流；在更短的时间内构建更优质的产品，同时减少材料浪费；该技术支持复杂形状、复杂截面的设计生产，同时结合使用增材、减材以及优化大批量注射成型过程，达到降低生产成本、提高生产率并缩短生产周期的目的。

衍生式设计技术可以快速确定解决方案以最大限度地减少重量和材料使用量，同时保持性能标准、满足设计目标并遵循工程约束。可通过使用衍生式设计评估多种制造方法，并找到最优解决方案来提高和优化产品耐用性以消除薄弱区域。

衍生式设计技术可以探索一系列设计解决方案，能够将多个零部件整合为实体零件，从而降低装配成本并简化供应链（见图 4-24）。通过衍生式设计技术可减轻产品重量、减少生产浪费，并帮助选择更具可持续性的材料，从而实现可持续性目标。

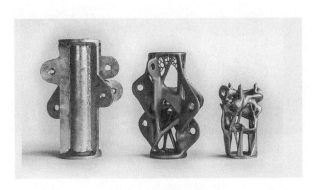

图 4-24　衍生式设计示例

设计师或工程师将设计目标、材料、制造方法和成本限制等参数输入到生成设计软件中，该软件探索解决方案的所有可能排列，快速生成设计备选方案，然后测试并从每次迭代中学习优化，最终得到最优解决方案。

4.6.3　先进制造技术：增材制造

增材制造（Additive Manufacturing，AM）俗称 3D 打印，是融合了计算机辅助设计、材料加工与成形技术，以数字模型文件为基础，通过软件与数控系统将专用的金属材料、非金属材料以及医用生物材料，按照挤压、烧结、熔融、光固化、喷射等方式逐层堆积，制造出实体物品的制造技术。

增材制造技术是基于离散 - 堆积原理，由零件三维数据驱动，直接制造零件的科学技术体系。基于不同的分类原则和理解方式，增材制造技术还有快速原型、快速成形、快速制造、3D 打印等多种称谓，其内涵仍在不断深化，外延也不断扩展。本书所说的"增材制造"与"快速成形""快速制造"意义相同。

与传统的、对原材料去除（如切削）、组装的加工模式不同，增材制造是一种"自下而上"通过材料累加的制造方法，从无到有。这使得过去受到传统制造方式的约束，而无法实现的复杂结构件制造变为可能，如图 4 - 25 所示为 3D 打印示例。

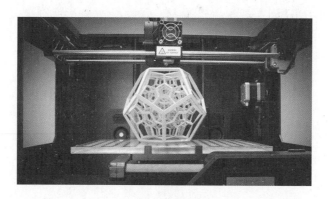

图 4 - 25　3D 打印示例

作为第四次工业革命与智能制造的关键技术之一，3D 打印技术近年得到迅猛发展。随着材料和工艺的进步，高分子材料 3D 打印从研发到生产，尤其是中小规模生产，显示出越来越突出的优势，在工业、医学及文创领域发挥越来越重要的作用。

4.6.4　个性化定制的柔性制造

传统模式下，现场设备互联主要依靠有线技术，人在整个生产线中发挥主要作用，机器人只起协助作用。而在未来的智能制造生产线中，所有生产流程都将以机器人为主，工作人员将会大幅减少。

这就对机器人以及整个系统的信息采集和传输提出了更高要求。机器人要更加灵活，可移动性要强，通过 5G 网络覆盖工厂，把物联网芯片嵌入机器人后通过网络进行连接，机器人行动完全自由，这就是"柔性制造"。

柔性制造的优势在于工业机器人的灵活性以及差异化的业务处理能力。简而言之，就是利用网络来实现原来物理的连接，机器或者机器内部之间就减少了线缆的成本，机器人在移动过程中将不受空间的限制，同时也提高了生产设备、物料、人工等生产资源的利用率。

个性化定制是用户介入产品的生产过程，获得自己定制的、带强烈个人属性的商品或获得与其个人需求匹配的产品或服务。定制现在成为一种时尚，一种潮流，定制需求成为各行各业未来发展趋势。

5G 可构建连接工厂内外的以人和机器为中心的全方位信息生态系统，使任何人和物（用户/生产）在任何时间、任何地点都能实现信息共享。消费者直接参与到企业的生产过程中，参与产品的设计，并实时查询产品状态信息。

4.6.5 沉浸式营销

所谓沉浸式营销，是"在消费者出现的所有渠道中，给他们带去具有凝聚力、将他们全方位包围的体验"。这样，通过品牌营造的体验，而非产品，让消费者持续关注品牌活动，加深对品牌和产品的了解。

不同于一般的体验，沉浸式体验（见图 4-26）不侧重于产品或者品牌体验，而是侧重营造产品带来的感觉。例如，吃一块巧克力，消费者体验到的是爱情的甜蜜；用一种浓烈的香水，给消费者留下的是热情似火的感觉。这些感受比产品更能给消费者留下难忘的记忆。即使在很久以后，当消费者在某个时候产生这种感觉的时候，还是会把它与某个产品联系起来。

图 4-26　沉浸式体验

4.6.6 产品即服务，激发产品附加值

产品即服务（PaaS）模式 20 世纪 80 年代兴起于循环经济领域，目标是让产品在整个生命周期中尽可能少产生废弃物，把环境污染降到最低，这个目标称为"可持续目标"。PaaS 模式是指公司保留产品所有权，然后通过一个特定的服务系统，将产品使用权提供给一个或多个客户的商业模式。也就是说，在 PaaS 模式中，个人或企业用户不必通过购买而拥有产品，而是按租赁或其他约定的形式享受产品的使用价值。

进入物联网时代以后，近几年商业创新领域的热词"共享经济""分时租赁""按需收费""预约使用"大多归属于 PaaS 模式。图 4 - 27 所示为共享单车示例。

图 4 - 27　共享单车示例

随着物联网的进一步发展，PaaS 模式已开始以惊人的速度扩张。

第5章

5G 赋能智能制造

5.1 越复杂的系统越需要连接

5.1.1 如何（量化）管理复杂的工业制造业

1. 泰勒科学管理的五条原则

"科学管理之父" ——美国著名的工程师和科学管理家费雷德里克·泰勒（Frederick Taylor，1856—1915）提出了现代工业企业生产科学管理的五条原则：

（1）工时定额化

对工人提出科学的操作方法，以便有效利用工时，提高工效，研究工人工作时动作的合理性，去掉多余的动作，改善必要的动作，并规定出完成每一个单位操作的时间，制定出劳动时间定额。

（2）分工合理化

对工人进行科学的选择、培训和晋升，选择合适的工人安排在合适的岗位上，并培训工人使用标准的操作方法，使之在工作中逐步成长。

（3）程式标准化

制定科学的工艺规程，使工具、机器、材料标准化，并对作业环境标准化，用文件形式固定下来。

（4）酬金差额化

把工人工作任务完成情况与工人工资收入相联系，实行具有激励性的计件工资制度，对完成和超额完成定额的工人以较高的工资率计件支付工资；对完不成定额的工人，则按较低的工资率支付工资。

（5）管理职能化

管理和劳动分离，管理者和劳动者在工作中密切合作，以保证工作按标准的设计程式进行。

2. 利用"工业4.0"进行智能制造

在"工业4.0"的背景下，人、设备和产品将通过互联技术实现融合，在企业内部实现人与人、人与机、机与产品的无缝对接；在组织层面实现企业与企业、企业与消费者的对接。产业链分界点变得更为模糊，经营活动得到了重新组合。基于此，"工业4.0"背景下的企业管理创新要着重资源整合，对企业各战略思维、组织架构、管理模式、管理方法进行重构。工业企业智能制造实现的内容如图5-1所示。

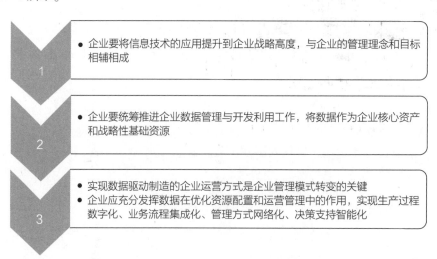

1. 企业要将信息技术的应用提升到企业战略高度，与企业的管理理念和目标相辅相成

2. 企业要统筹推进企业数据管理与开发利用工作，将数据作为企业核心资产和战略性基础资源

3. 实现数据驱动制造的企业运营方式是企业管理模式转变的关键
企业应充分发挥数据在优化资源配置和运营管理中的作用，实现生产过程数字化、业务流程集成化、管理方式网络化、决策支持智能化

图5-1 工业企业智能制造实现的内容

"工业4.0"具有以下几个显著特征：数字化、自动化、网络化、集成化、智能化。"工业4.0"所呈现的这些特征都是以信息技术为基础，与企业深度结

合应用产生的。基于此，企业要将信息技术的应用提升到企业战略高度，与企业的管理理念和目标相辅相成。根据企业发展需要，可以在管理层设置首席信息官（CIO），从战略高度制定企业信息化战略，合理布局企业信息化，使企业的管理方式向着信息化、智能化的方向发展，借助网络等虚拟化手段构建"数字化企业平台"，将企业资源形态与组织形态进行融合，实现从车间到公司管理层的双向信息流和数据协同，不断提高企业管理的集约化程度和信息共享程度，减少管理缝隙造成的效率损失。

随着"工业4.0"技术的运用及信息化程度的提高，企业的各项活动将产生大量的数据，包括产品数据、运营数据、价值链数据、外部数据等。如果只是将收集的数据放在那里而不做大数据分析，就不会产生实际价值。所以，企业要统筹推进企业数据管理与开发利用工作，将数据作为企业核心资产和战略性基础资源。通过构建系统完备的数据管理制度，采用大数据分析的方法挖掘数据的价值，可打造数据驱动型企业。

实现数据驱动制造的企业运营方式，是企业管理模式转变的关键。以数据的基础管理和开发利用机制为基础，企业应充分发挥数据在优化资源配置和运营管理中的作用，将数据分析深度嵌入企业研发、生产、管理、决策等各项运营活动中，以数据为纽带将各项运营活动紧密结合、协同配合、形成合力，实现企业的高效精准运转，从而实现生产过程数字化、业务流程集成化、管理方式网络化、决策支持智能化，在提升企业的生产效率和产业竞争力的同时，还可以为客户创造新价值。

5.1.2 先连接再沉淀数据

工业互联网的本质是以机器、原材料、控制系统、信息系统、产品以及人之间的网络互联为基础，通过对工业制造数据的全面深度感知、实时传输交换、快速计算处理和高级建模分析，实现智能控制、运营优化和生产组织方式变革。

在整个过程中，连接是基础，数据是动力。首先通过网络信息设备实现工业系统信息数据互联互通，构建新型网络通信连接方式，形成实时感知、协同交互的生产模式，如图 5 – 2 所示。

图 5 – 2　设备机器的信息连接

通过感知、采集、集成、分析海量工业系统数据，驱动工业企业、设备智能管理优化，同时对工业生产系统与商业系统全方位保护，保障数据传输的安全可靠性。数据分析是指用适当的数理统计等方法对收集来的大量第一手资料和第二手资料进行分析，以求最大化地开发数据资料的功能，发挥数据的作用。这是为了提取有用信息和形成结论而对数据加以详细研究和概括总结的过程。数据也称观测值，是实验、测量、观察、调查等的结果，常以数量的形式给出。

在智能制造产业可以借助物联网、能源动力、仓储设备等基础设施，实现应用与设备的互联，采集传递工业数据信息，综合反映当前生产状态。在平台端高效利用数据，分析建模，有助于企业进行智能决策，运行控制整个生产系统，将各个生产要素对应生产计划有序结合协调运转，形成智能生产闭环，以满足虚拟设计、生产工艺改善、产品质量优化等生产需求。

有了各种器件数据就有了量化管理的基础。量化管理，是一种从目标出发，使用科学、量化的手段进行组织体系设计，为具体工作建立标准的管理手段。

各种器件技术提升和企业数据不断丰富为现代工业企业的量化管理提供了有效帮助。例如：传感器技术可以通过各类型传感器采集、检测工业设备，按照一定的规则转化输出相关信息；射频识别技术可以通过射频信号自动识别工业目标对象，对相关信息进行采集存储管理，广泛应用于物流、流水线等领域；CPS 技术可以运用信息化技术整合计算机运算、传感器与制动器装置，连接设备装置与计算机网络，在时间与空间上延伸对装置的控制；云计算和大数据技术的应用可以帮助快速处理工业内部/外部海量数据，促进工业资源聚合、信息共享和协同工作，对海量工业数据进行存储、处理、查询、分析等操作，挖掘工业信息数据价值。

5.1.3 汽车一万个零部件如何互联及分析

汽车生产是很复杂庞大的工业化生产过程，涉及上万个零部件，如图 5-3 所示，通过铸造、锻造、冲压、焊接、加工、装配等流程环节最终形成一台整车产品。

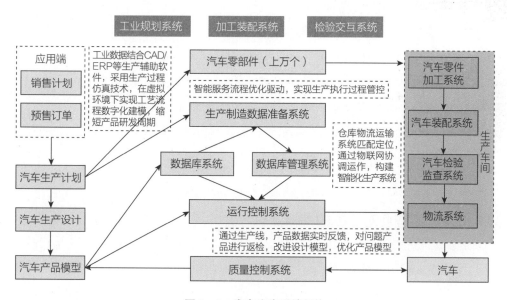

图 5-3 汽车生产系统架构

传统汽车制造常常受制于过于复杂的产品品类，在推出创新产品时不得不为降低制造复杂度和提升规模效率而做出妥协，为此付出长时间、高成本的前期工作，供给与市场需求很难完美契合。

在工业互联网模式下，智能世界中，一家"万能零部件生产工厂"就能满足各种汽车企业的个性化零部件的生产需求。固化的规模生产线将不复存在，整个产业内外生态都将迎来以"定制化创新为核心竞争力、完全响应市场需求"为目标的全新商业模式。

第一，工厂运转、开发、采购、制造、物流、服务等环节都将通过数字控制管理系统完成，在云端实时完成针对全生命周期闭环数据的智能分析处理，工作人员只需通过 VR/AR"临场"调控。

第二，汽车制造不再受到众多单一功能的制造设施所限制，每一个制造环节将由多功能机器人实施，无论是生产运输还是数据分析，都可以用云端计算，根据需求控制机器人完成形态各异的目标任务。

第三，用软件创造"全能型"虚拟生产模具，开放参数调控分析功能。不仅仅是轿车、运动型多功能汽车（SUV）、中型客车可以在一个模具中同时生产，软件定义制造还将借助新材料的力量，使摩托车、电动车甚至自行车、手机、钢笔等其他行业的产品都可以同时归属一个模具下，在秒级时间内完成颜色、型号、规格等参数的调整，实现"多物并造"的生产模式。

第四，在用户端，"按键式智能生产"将实现终端用户手机 App 下单到自动排产、成品制作完成、配送到客户手中的整个流程，将业务流程与生产过程打通，实时收集数据，同时还将实现设备和能源的监控与可视化管理，传统的规模化生产线将不复存在。

5.2 制造业对 5G 的指标要求

5.2.1 割掉有线尾巴

很多工厂的机器背后都有一条"尾巴"——有线网络，保证能远程操控机器，实时收集数据。传统制造商目前主要依靠固定网络通信，而很少使用 WiFi。

通过切断电缆，工厂可以变得更加灵活，使生产线的移动和重新设计更加迅速。随着线缆的消失，制约机器人移动的"绳索"也消失了，利用高可靠性网络的连续覆盖，机器人可以装上轮子（或其他装置）随心所欲地在工厂里移动，按需到达各个地点，这将给工厂的生产模式带来极大的想象空间。

在当下越发强调"柔性制造"的时刻，一条能灵活调整各设备位置、灵活分配任务的柔性生产线将成为生产者的新"神器"。机器和机器人以及传感器，甚至是高精度"智能"螺钉旋具等不拴在一起的工具可以彼此无线连接，也可以连接到云。

在现代智能制造过程中，云平台和工厂生产设施的实时通信以及海量传感器和人工智能平台的信息交互，和人机界面的高效交互，对通信网络多样化的需求以及极为苛刻的性能要求，都需要引入高可靠的无线通信技术。

5G 技术最核心的改变就是通过对智能制造应用场景的定义丰富了网络连接的适用范围，进而满足了新增的连接需求，将互联网从"人"进一步扩大到"物"。如果说 4G 改变了人与人之间的连接方式，那么 5G 就改变了"人与物"及"物与物"的连接方式。

5.2.2 高可靠性要求

在制造业工厂内部，传统工业数据和控制信号采用线缆来传输，由于工业现场的复杂多样，设备数据的传输往往会遇到困难。生产线联网大多依赖有线电缆传输，不便于后期扩展及移动，移动终端如扫描枪在行走过程中时常与现有的 WiFi 网络断开连接。现有的 WiFi 方案亦难以很好地满足大数量的终端连接。此外，现有网络还面临以下几个挑战，如图 5 - 4 所示：

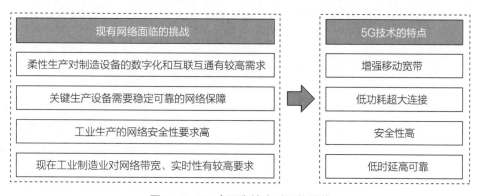

图 5 - 4　5G 高可靠性应对网络挑战

1）柔性生产对制造设备的数字化和互联互通有较高需求。随着制造企业生产需求的柔性变化，工业无线网络中的节点会新增、失效或者移动，如何在恶劣的现场通信环境中提供高可靠性的无线连接成为一大挑战。

2）关键生产设备需要稳定可靠的网络保障。采用 WiFi 等无线接入方式满足设备移动性的联网要求，会因为接入过多而产生性能降低的情况，且 WiFi 连续覆盖存在中间切换失败、时延过大、人员密集区域无法接入上网等问题。稳定性和可靠性难以满足工业网络的基本要求。

3）工业生产的网络安全性要求高。目前的 WiFi 网络模式安全性比较低，服务器只根据发送数据的用户 IP 进行识别，未对用户身份进行合法性校验。在同一子网的 WiFi 环境下，攻击者可以很容易通过地址解析协议（Address Resolution Protocol，ARP）扫描，探测到其他上网设备的 IP 和 MAC 地址进行攻击，轻易地造成大面积断网。

4）现在工业制造业对网络带宽、实时性有较高要求。机器视觉服务于自动化生产线，为了实现可编程控制器（PLC）和机械手通用连接，GigE Vison（一种基于千兆以太网通信协议开发的相机接口标准）通信协议和新的软件平台对网络带宽、实时性提出较高要求，现有 WiFi 网络对于支持高帧图像分析在速度和时延方面略显不足，对自动化专用传输协议依赖的网络传输可靠性无法满足，有线传输则在工厂布线、传输距离、日常维护方面有较大壁垒。

5G 技术是对 4G 技术的一次全面革新，在速率、连接数、时延和安全性几个方面有巨大改善，如图 5 - 4 所示。

1）增强移动宽带。增强移动宽带主要带来的改进是移动连接速率的大幅改善，峰值速率从 1Gbit/s 提升到 10 ~ 20Gbit/s，用户体验速率从 10Mbit/s 提升到 100Mbit/s ~ 1Gbit/s，在保证广覆盖和移动性的前提下为用户提供更快的数据速率。频谱效率提升 3 ~ 5 倍，降低了运营商提供流量的单位成本。

2）低功耗超大连接。低功耗超大连接主要针对传输速率较低、时延容忍度高、成本敏感且待机时间超长的海量机器类通信，是当下物联网的进化版本。连接密度每平方千米超过 100 万，电池寿命超过 10 年，为今后大规模的物联网发展提供可能性。

3）安全性高。基于运营商 5G 网络建网，接入、传输均采用标准加密协议，保密性高，企业专网业务与大网传输相隔离，不经过互联网，保证企业数据的安全和专用性。

4）低时延高可靠。低时延高可靠主要针对特殊的应用场景，这些场景对网络的时延和可靠性有着特殊的要求，如工业控制、车联网等。在 5G 的技术标准下，用户层面的时延要控制在 1ms 之内，这样才能满足特殊场景作业的需求。

5.2.3　时延要求

在智能制造自动化控制系统中，低时延的应用尤为广泛，比如对环境敏感高精度的生产制造环节、化学危险品生产环节等。智能制造闭环控制系统中传感器（如压力、温度等）获取到的信息需要通过极低时延的网络进行传递，最终数据需要传递到系统的执行器件（例如机械臂、电子阀门、加热器等）完成高精度生产作业的控制，并且在整个过程需要网络极高的可靠性，来确保生产过程的安全高效。

2017 年，由 IMT－2020（5G）推进组组织的中国 5G 技术研发试验无线技术第二阶段 C－Band 的测试环节中，利用 200MHz 带宽，通过 5G 新空口及大规模多入多出天线等技术进行测试，小区峰值超过 20Gbit/s，空口时延在 0.5ms 以内，单小区大于 1000 万连接。和传统的移动通信技术相比，5G 进一步提升了用户体验。

在容量方面，5G 技术将比 4G 实现单位面积移动数据流量增长 1000 倍；在传输速率方面，单用户典型数据速率提升 10 ~ 100 倍，峰值传输速率可达 10Gbit/s（相当于 4G 网络速率的 100 倍），端到端时延缩短为原来的 1/5；在可接入性方面，可联网设备的数量增加 10 ~ 100 倍；在可靠性和能耗方面，每比特能源消耗降至原来的 0.1%，低功率电池续航时间增加 10 倍。

5.2.4　覆盖性要求

在现代制造工厂中，自动化控制系统和传感系统的工作范围可以是几百平方千米到几万平方千米，甚至可能是分布式部署。根据生产场景的不同，制造工厂的生产区域内可能有数以万计传感器和执行器，需要通信网络的海量连接能力和大范围覆盖作为支撑。

5G 与设备和密度有关，与速度有关。5G 网络中，每平方千米可允许多达 100 万个设备，这从理论上为机器对机器（M2M）通信以及整个工业物联网（IIoT）注入了活力，这对工业来说是一个巨大的吸引力。在制造业中，这些设备无所不包，从传感器、机器和机器人到可穿戴设备、自动车辆和虚拟现实耳机。

在连续广域覆盖方面，5G 在保证用户移动性和业务连续性的前提下，无论在静止还是高速移动，覆盖中心还是覆盖边缘，都能够随时随地获得 100Mbit/s 以上的体验速率。

5G 特意加强了下面几个增强设计：

1）同步/广播信道覆盖增强，低频在一个 SSburstset 周期内最大可传输 8 个 SSblock，覆盖最大提升 9dB。

2）随机接入信道覆盖增强，设计新的 PRACH Preamble Format，增大 Sequence 时域重复次数，提高接收 SINR[⊖]。

3）下行和上行控制信道覆盖增强。

5.2.5 适应各种生产环境要求

当 5G 被广泛应用，机器人除了可以灵活移动，也可以灵活配合完成更高难度的任务，适应各种生产环境要求。随着技术应用范围的延伸和扩大，现在工业机器人已可代替人从事危险、有害、有毒、低温和高热等恶劣环境中的工作和代替人完成繁重、单调的重复劳动，并可提高劳动生产率，保证产品质量。例如消防机器人可以替代人进行危险的灭火工作，如图 5-5 所示。

⊖ SINR 为 Signal to Interference plus Noise Ratio 的简写，译为信号与干扰加噪声比。

图 5 – 5　消防机器人

5.3　5G + 大数据打造"透明"制造

5.3.1　机器人不仅替代了人的操作

工业机器人的普及让很多工作岗位释放人力资源,作为科技进化的产物,工业机器人在企业生产中有着不容小觑的作用。工业机器人从诞生开始,就在很多工业领域得到了广泛应用,主要是有些工厂的劳作环境对人的身体要求很高,人的血肉之躯无法胜任,或者对某些工种的工艺要求非常高而人类的手工作业无法达标,例如,图 5 – 6 所示为工业机器人在执行生产任务。

图 5 – 6　工业机器人在执行生产任务

随着大数据、云存储技术、移动互联网、人工智能技术的发展，机器人逐步成为物联网的终端和节点。信息技术的快速发展将工业机器人与网络融合，机器人不仅作为执行分配任务的设备，也是采集分析数据的核心设备，正在将人与人、人与物、物与物之间通过网络实现全面的数据互联互通。

5.3.2　各种机器沉淀了大数据

随着人机交互越来越多，人们的每项活动都会在机器中留下痕迹和数据。这些数据包含客户行为、使用事务处理、应用程序行为、服务水平等明确记录，像人们非常熟悉的流水日志文件、传感器记录数据甚至互联网、物联网中留存下来的大量图片视频等非结构化数据等都是机器数据。

机器数据具有数量大、增长速度快、复杂性高、多样化等特点，同时也是最宝贵的那部分大数据，机器沉淀的工业大数据如图 5 - 7 所示。

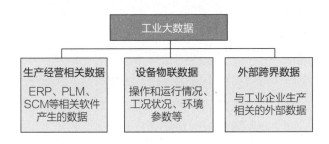

图 5 - 7　机器沉淀的工业大数据

5.3.3　大数据让生产过程、维护过程等"透明"

大数据让制造商的流程透明化和可追溯。制造商的原材料在生产过程中以及生产阶段有多少损失，给定批次的产量是多少，目前存储在哪里，运送需要多长时间，一旦需要运送产品在哪里……大数据可帮助制造商跟踪生产和交付的所有这些阶段，并提供对可能效率低的领域的洞察和分析。

大数据时代之后，新型的数据处理技术及云计算带来的低成本，使得数据的全面采集并且持久化成为可能，即采集到的数据可以实现长时间的存储，且海量的数据可处理、可分析，工业用户就有了存储数据的意愿。而这一切又反过来为大数据分析提供了坚实的数据基础，使得分析的结果更准确，成为一种正向循环。

现代生产技术飞速提高，生产过程已经呈现高度复杂性和动态性，逐渐出现了不可控性。生产过程信息呈现碎片化倾向，只有专业部门、专业人员才掌握本部门、本专业的数据，企业无法全面有效了解全生产流程。

图 5-8 所示为大数据可视化示例。通过全生产过程的信息高度集成化和数据可视化，可实现生产、维护过程的信息透明化。企业总调度中心不仅可以清晰地识别产品、定位产品，而且还可全面掌握产品的生产经过、实际状态以及至目标状态的可选路径。

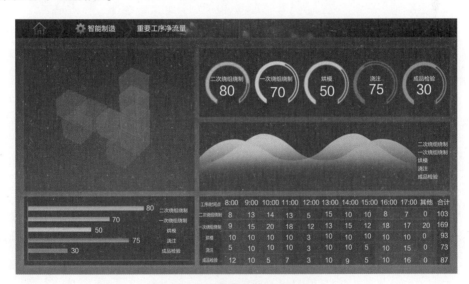

图 5-8　大数据可视化示例

5.4　智能工厂不仅提升了效率

5.4.1　透明工厂奠定了智能管理的基础

企业最为关心的三个问题是：生产什么？生产多少？如何生产？透明工厂就是计划与生产之间的"信息枢纽"，通过控制包括物料、设备、人员、流程指令和设施在内的所有工厂资源来解决生产制造的问题，以提高制造竞争力，提供一种集成在统一平台上系统的制造执行功能，如质量控制、文档管理、生产调度等，从而实现企业实时的生产制造执行管理。

建立透明工厂（见图5-9）为智能管理奠定了基础。透明工厂实现的主要功能如图5-10所示。

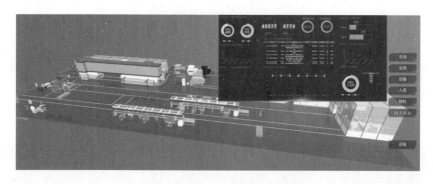

图5-9 大数据助力打造"透明工厂"

 建立一套满足管理要求的集成化信息管理平台，全面实现业务管理集成

 实现物流过程流程化、标准化、指标化

 实现精益制造与准时制生产

衔接质量检验与零部件入库及制造过程

与供应商业务协同，实现企业与供应商双赢

实现单据条码化和库存信息实时化，物流与信息流同步

采集、分析、挖掘、展现生产过程中的多维数据，为科学管理提供决策支持与数据支撑

通过CPS虚实结合实现从信息化层到自动化层的精准控制

图5-10 透明工厂实现的主要功能

1）通过建立一套满足管理要求的集成化信息管理平台，全面实现业务管理集成，打通设计、采购、生产与质量间的"部门墙"，建立以业务流程为驱动的管理方式。

2）实现物流过程流程化、标准化、指标化，建立规范化的运输、仓储、配送、容器网络物流体系。

3）实现精益制造与准时制生产，开展计划协同、指导生产、监控制造过程、按需准时配料，实现生产精准化和准时化。

4）衔接质量检验与零部件入库及制造过程。

5）与供应商业务协同，实现企业与供应商双赢。

6）利用无线网络、自动识别技术实现单据条码化和库存信息实时化，物流与信息流同步，对生产、采购等行为做出有利的指导。

7）通过对生产过程中的设备、生产、质量、库存等多维数据的采集、分析、挖掘、展现，为各类人员提供科学、直观的各类统计分析报表，为科学管理提供决策支持与数据支撑。

8）通过 CPS 虚实结合（数字孪生）实现从信息化层到自动化层的精准控制。

5.4.2 智能工厂不仅是机器人

智能工厂是构成工业 4.0 的核心元素。在智能工厂内不仅要求单体设备是智能的，而且要求工厂内的所有设施、设备与资源（机器、物流器具、原材料、产品等）实现互联互通，以满足智能生产和智能物流的要求。通过互联网等通信网络，使工厂内外的万物互联，形成全新的业务模式。

从某种意义上说，工业 4.0 是用 CPS 对生产设备进行智能升级，使其可以智能地根据实时信息进行分析、判断、自我调整、自动驱动生产，构成一个具有自律分散型系统（ADS）的智能工厂和各项智能技术的应用平台。

智能工厂的组成如图 5 – 11 所示。

物联网
· 随着工厂智能化转型的推进，物联网作为连接人、机器和设备的关键支撑技术正受到企业的高度关注

物流追踪
· 从仓库管理到物流配送，跨越虚拟工厂端到端产品的整个生命周期，连接分布广泛的待售和已售的商品

工业自动化控制
· 这是制造工厂中最基础的应用，核心是闭环控制系统

工业AR
· 在智能制造过程中辅助AR设施需要具备最大限度的灵活性和轻便性，以便维护工作高效开展

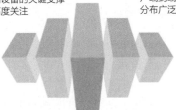

云化机器人
· 在智能制造生产场景中，需要机器人有自组织和协同的能力来满足柔性生产，这就带来了机器人对云化的需求

图 5 – 11 智能工厂的组成

1. 物联网

随着工厂智能化转型的推进，物联网作为连接人、机器和设备的关键支撑技术正受到企业的高度关注。

2. 工业自动化控制

这是制造工厂中最基础的应用，核心是闭环控制系统。

3. 物流追踪

从仓库管理到物流配送，通过物流追踪可跨越虚拟工厂端到端产品的整个生命周期，连接分布广泛的待售和已售的商品。

4. 工业 AR

在智能工厂生产过程中，人发挥更重要的作用。未来工厂具有高度的灵活性和多功能性，这就对工厂车间工作人员提出了更高的要求。为快速满足新任务和生产活动的需求，AR 将发挥很关键的作用，在智能制造过程中可用于如下场景。例如：监控流程和生产流程；生产任务分步指引，如手动装配过程指导；远程专家业务支撑，如远程维护。在这些应用中，辅助 AR 设施需要具备最大限度的灵活性和轻便性，以便维护工作高效开展。

5. 云化机器人

在智能制造生产场景中，需要机器人有自组织和协同的能力来满足柔性生产，这就带来了机器人对云化的需求。

5.4.3 智能工厂打造生态智能

智能工厂已经具备了自主收集、分析、判断和计划的能力，通过整个可视化技术进行推理和预测，利用仿真和多媒体技术，将扩展现实世界中的显示设计和制造过程。系统的每个组成部分都可以自行构成最佳的系统结构，形成协同性、重组性和扩展性的特点。这样，系统也就具有了自学习和自维护能力。

智能工厂利用 IoT 技术和监控技术，加强信息管理服务，使得生产过程得到极大的控制，并合理规划和调度。同时，建设高效、节能、绿色、环保、舒适的人文工厂，将原有的智能手段与智能系统等新技术相结合，分阶段逐步推进，与产业链、供应链等共筑智能新生态。

面对充满不确定性和复杂性的工业互联网平台产业，需要更多企业联合起来，通过紧密配合的集体行为构建生态系统，共同推进产业发展，如图 5-12 所示。

1）生态机制日益完善，一部分企业有望通过股权投资方式强化平台业务能力的互补增强，形成更加牢固的生态合作关系。越来越多的平台企业也将综合运用资源共享、资金扶持、收益分成等方式促进合作伙伴的培育壮大。

2）生态规模持续扩大，入驻平台的技术服务商、系统集成商和第三方开发者数量得到显著提升，平台能够为更多用户提供更加丰富的工业 App 应用和解决方案。

3）生态边界逐步拓展，农业、金融、物流等一、三产业主体将以平台为纽带与工业实现融通发展，探索形成更多新型合作模式。

生态机制日益完善，一部分企业有望通过股权投资方式强化平台业务能力的互补增强，形成更牢固的生态合作关系。越来越多的平台企业也将综合运用资源共享、资金扶持、收益分成等方式促进合作伙伴的培育壮大

生态规模持续扩大，入驻平台的技术服务商、系统集成商和第三方开发者数量得到显著提升，平台能够为更多用户提供更加丰富的工业App应用和解决方案

生态边界逐步拓展，农业、金融、物流等一、三产业主体将以平台为纽带与工业实现融通发展，探索形成更多新型合作模式

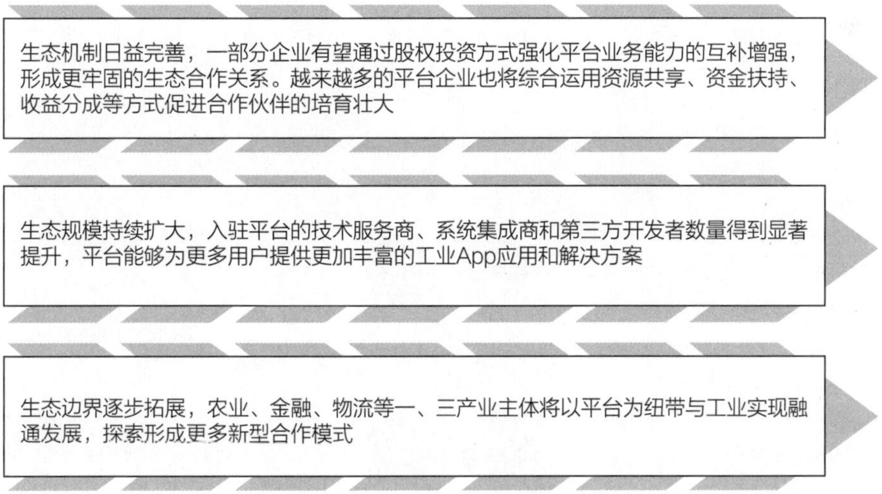

图 5-12　智能工厂未来展望

5.5 5G + 云化的价值

5.5.1 提升工厂 IT 的能力

5G 时代下，工厂 IT 能力将得到很大提升。具体表现为，新的 IT 基础设施主要呈现两大特征。

一是网络虚拟化，通过对网络进行革新性设计，基于总线服务化架构，实现服务化、灵活化和开放化的目标。

二是云网融合，通过将存储和计算资源下沉到网络边缘节点，为本地化、差异化、低时延的应用提供专属网络保障。此外，消费互联网及产业互联网的全新体验也对数据中心提出更高要求，除了边缘侧具备成熟的计算能力外，核心数据中心与边缘数据中心的结合，也将成为未来新 IT 基础设施的发展方向。

5G 云化虚拟现实技术深度融合物联网技术，推动关键业务降本增效。借助 5G 网络将云化虚拟现实技术与企业 ERP 系统及 IoT 系统对接，围绕工厂中的"刚需"场景，构建新型智慧工厂，服务于业务更精细化、要求更高的远程协助、实时操作指引、日常巡检、生产动态展示、员工培训等关键业务，提升工厂 IT 的能力。

5G 云化虚拟现实技术的应用场景如图 5 – 13 所示。

产品展示
AR 眼镜通过 5G 网络，可提供基于云渲染的全息虚拟产品形态，以及全息的操作内容辅助，极大地提高操作人员信息接收效率，进而提高工作效率

操作指引
借助 5G 云化虚拟现实技术中边缘云 MEC 和中心云神经网络计算，对操作对象和环境进行实时扫描与智能标记，提供操作流程 3D 指引，并通过 IoT 提供实时操作反馈

日常巡检
借助 5G 网络 MEC 功能可对厂区进行三维重建，构建基于智能眼镜的全息 BIM 系统，并可随时调取查看各区域生产线的信息

远程协助
通过 5G 云化虚拟现实技术，将操作环境和对象在远端模拟还原，专家可在模拟的全息环境中进行操作并将过程同步回传至操作现场，真实还原专家"手把手"协助指导

图 5 – 13　5G 云化虚拟现实技术的应用场景

1. 产品展示

AR 眼镜通过 5G 网络，可提供基于云渲染的全息虚拟产品形态，以及全息的操作内容辅助，极大地提高操作人员信息接收效率，进而提高工作效率。

2. 日常巡检

借助 5G 网络多接入边缘计算（MEC）功能可对厂区进行三维重建，构建基于智能眼镜的全息 BIM 系统，并可随时调取查看各区域生产线的信息。利用 5G 云化技术提供的云端语义地图可直接获取设备实时运转数据，并通过全息信息交互远程操控动态调配产能。

3. 操作指引

借助 5G 云化虚拟现实技术中边缘云 MEC 和中心云神经网络计算，对操作对象和环境进行实时扫描与智能标记，提供操作流程 3D 指引，并通过 IoT 提供实时操作反馈。

4. 远程协助

通过 5G 云化虚拟现实技术，将操作环境和对象在远端专家面前模拟还原。通过双向全息成像，专家可在模拟的全息环境中进行操作并将过程同步回传至操作现场，真实还原专家"手把手"协助指导。

5.5.2　落地 OT 的智能

按广义上理解，OT 实现的是对企业资源、体系、流程、工艺及事件的全面管控，覆盖企业运营的各个层面，包括生产运营、能源运营、设备资产运营以及服务运营等，用一定的管理手段、一定的硬件和相应的软件，对工厂的生产运营、设备运转等进行控制，完成设备或生产线的任务。

随着 IIoT 和边缘计算的兴起，IT 和 OT 加速融合，如图 5 - 14 所示。

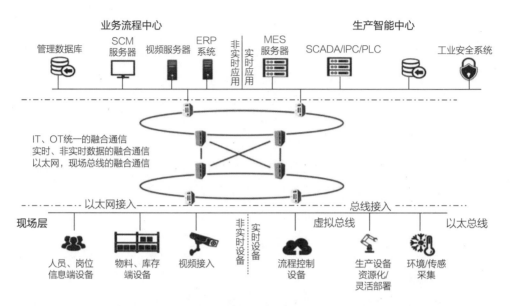

图 5 - 14 IT/OT 融合架构

OT 是业务根本，包括管理逻辑、数据、知识、秘籍等组成部分。IT 作为工具平台，通过采用先进的工业软件以及大数据应用，可以帮助企业更快、更好地获得智能。

智能制造始于 IT 赋能 OT。通过 IT 和 OT 的融合，数字化赋能使制造快速向"智造"转化。

5G 作为连接物联网、大数据、云计算、人工智能、区块链和工业互联网的纽带，成了 IT 和 OT 技术的融合平台。

5G 的优异性能开创了数字化、智能化和信息化，给制造业带来了崭新的新业态。

5.5.3　数据集中管控

5G 时代的到来，为了更好地支撑高密度、大带宽和低时延业务场景（例如有可能成为 5G 时代颇具市场潜力的车联网业务、事关生命安全的远程医疗等业务），需要将低时延、高带宽要求的数据下沉到边缘节点，经过边缘节点处理后的数据再回传至中心云节点进行数据建模分析后应用于行业，如图 5 – 15 所示。

图 5 – 15 数据集中管控共享智能

传统的集中式的计算处理模式，已转化为靠近用户就近提供服务的边缘计算模式。无人车群、无人机群、智能电器、智能穿戴设备、机器人、工业设备等通过 5G 连接的计算单元将组成一个去中心化的数据网络。

5.5.4 OT 软件和数据云化

5G 加速推动 ICT 类和 OT 类应用逐渐走向以数据为中心的生产与运营，围绕工业设备和工业产品的数据采集、数据存储、模型开发将是工业互联网应用的最主要服务形态。一方面，传统的 CAD、ERP、MES 等工业产品设计工具、软件系统通过云化改造，基于工业云实现云端部署和应用提供。另一方面，云计算的 PaaS 平台提供各种工业微服务，开发者基于这些工业微服务和能力，可开发形成面向特定行业、特定场景的工业互联网应用。

基于 5G 网络的工业互联网云/管/边/端协同的边缘计算服务助力工业企业发展（见图 5 – 16）。

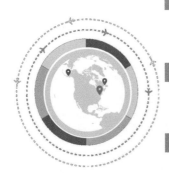

1.基于5G MEC提供工厂虚拟专网

· 基于MEC的本地分离，提供基于运营商大网的移动虚拟专网服务，解决制造企业工厂园区内部数据采集等多场景无线连接需要

2.5G云化AGV服务

· 基于5G+MEC技术，为AGV提供5G的高可靠低时延无线连接控制，并在MEC就近部署视觉SLAM等提供视觉导航服务

3.5G MEC+视频分析/视觉识别分析服务

· 通过工业现场或生产线部署工业相机/摄像头，来进行工业生产的工况监视、过程质量检测等，减少人工，提升检测效率和质量

图5－16　5G网络边缘计算助力企业发展

1. 基于5G MEC 提供工厂虚拟专网

基于 MEC 的本地分离，提供基于运营商大网的移动虚拟专网服务，解决制造企业工厂园区内部数据采集、移动终端、视频监控、设备连接等在内的多场景无线连接需要。

2.5G 云化 AGV 服务

传统 AGV 的磁条导航与电磁导航方式均需要工厂车间进行设施环境改造，而且场景固定，激光导航成本较高。另外采用 WiFi 技术易被干扰以及无线时延不稳定，特别是对 AGV 的调度控制带来不稳定的影响。基于 5G＋MEC 技术，为 AGV 提供 5G 的高可靠、低时延无线连接控制，并在 MEC 就近部署视觉 SLAM⊖等提供视觉导航服务。

3.5G MEC＋视频分析/视觉识别分析服务

通过工业现场或生产线部署工业相机/摄像头，利用视频图像分析处理技术，来进行工业生产的工况监视、过程质量检测、成品缺陷检验等，减少人工，提升检测效率和质量。

⊖　SLAM 为 Simultaneous Localization and Mapping 的简写，译为同步定位与地图构建。

5.5.5 从"胖"机器人到"瘦"机器人

不同于传统的机器人架构，云化机器人通过网络连接到云端的控制核心，获取了人工智能、大数据以及超高计算能力的支持，降低了机器人本身的成本和功耗，使其由"胖"变"瘦"。

云化架构下云化机器人的三大关键技术为机器人物理本体技术、AI 技术和无线通信技术，另外云化机器人还需相关的功能和架构来支持。

5G 实现云化机器人的基础技术如图 5 – 17 所示。

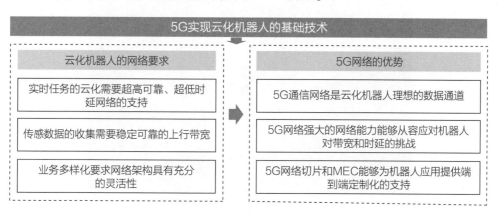

图 5 – 17 5G 实现云化机器人的基础技术

5G 可以说是实现云化机器人的基础技术，在云化机器人的架构下，实时任务的云化需要超高可靠、超低时延网络的支持，传感数据的收集需要稳定可靠的上行带宽，业务多样化要求网络架构具有充分的灵活性。

5G 通信网络是云化机器人理想的数据通道，是云化机器人顺利发展的关键。5G 网络强大的网络能力能够从容应对机器人对带宽和时延的挑战，而 5G 网络切片和 MEC 能够为机器人应用提供端到端定制化的支持。

5.6 5G 在制造领域的痛点

5.6.1 时延导致事故

全世界每年有近 140 万人在交通事故中丧生，有 2000 万 ~ 5000 万人在交通事故中受伤（WHO，2018），全世界每年因为交通事故造成的经济损失，约为2万亿美元。如果分析车祸的诱因，避不开一个关键的概念——时延。

若有各类传感器、电子系统与5G网络的介入，就能对潜在风险进行预判并提前进行干预，大大提升驾驶安全。

在5G的商业应用中，除了医疗领域对速率与时延都有高要求外，在自动驾驶、工厂自动化、远程控制这样的领域中实际上对于时延的要求高于速率，低时延是上述应用能否真正落地的关键所在。V2N降低时延示意图如图5－18所示。

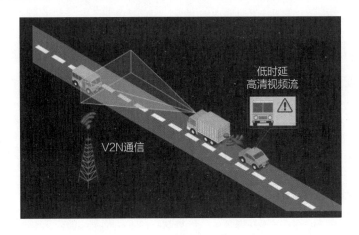

图 5－18　V2N 降低时延示意图

车联网和自动驾驶这类对时延和稳定性要求极高的应用，限于当前网络条件一直没有得到很好的技术支持。而新一代通信技术通过对无线传输机制的优化、对网络和运算架构的调整，以及 C－V2X 对于 V2V 和 V2N 的支持，大大提升了网络带宽、改善了网络稳定性并显著降低了时延。

通信技术的创新和基础设施能力的提升，将为下一轮移动应用的创新提供源源不断的推动力，并给我们的生活带来更多的安全、稳定和便利。

5.6.2　可靠性问题带来故障成本

任何设备都要承受负荷，如果设备的劣化与承受的负荷成正比，且设备所承受的负荷恒定不变，我们就能够预测大多数设备的寿命，可以有效地做好预防工作。然而实际上并非如此简单。

即使是与设备役龄相关的故障，也不是简单雷同。因为设备负荷上的差异，设备受到的负荷波动不尽相同，同样的设备或者部件出现故障的时间可能差异很大。事实上我们无法创造完全一致的使用、负荷条件。因而我们便要提高产品的可靠性。高可靠性的意义如图 5－19 所示。

高可靠性产品可获得高的经济效益
- 提高产品可靠性可获得很高的经济效益，产品的可靠性水平提高了还可大大减少设备的维修费用

高可靠性产品，才有高的竞争力
- 只有产品可靠性提高了，才能提高产品的信誉，增强其市场竞争力

高可靠性产品才能满足现代技术和生产的需要
- 生产线上一台设备出了故障，则会导致整条线停产，这就要求组成线上的产品要有高可靠性

图 5－19　高可靠性的意义

1. 高可靠性产品才能满足现代技术和生产的需要

现代生产技术的发展特点之一是自动化水平不断提高。一条自动化生产线由许多零部件组成，生产线上一台设备出了故障，则会导致整条线停产，这就要求组成线上的产品要有高可靠性。Apollo（阿波罗）宇宙飞船正是由于高可靠性，才一举顺利完成登月计划。

现代生产技术发展的另一特点是，设备结构复杂化，组成设备的零件多，其中一个零件发生故障会导致整机失效。例如，1986 年美国"挑战者"号航天飞机就是因为火箭助推器内橡胶密封圈由于温度低而失效，结果航天飞机爆炸，七名宇航员遇难，经济损失重大。由此可见，只有高可靠性产品才能满足现代技术和生产的需要。

2. 高可靠性产品可获得高的经济效益

提高产品可靠性可获得很高的经济效益。例如美国西屋公司为提高某产品的可靠性，曾做了一次全面审查，结果是所得经济效益是为提高可靠性所花费用成本的 100 倍。另外，产品的可靠性水平提高了，还可大大减少设备的维修费用。1961 年，美国国防部预算中至少有 25％用于维修费用。苏联过去有资料统计，在产品寿命期内下列产品的维修费用与购置费用之比为：飞机 5 倍，汽车 6 倍，机床 8 倍，军事装置 10 倍。可见提高产品可靠性水平会大大降低维修费用，从而提高经济效益。

3. 高可靠性产品，才有高的竞争力

只有产品可靠性提高了，才能提高产品的信誉，增强其市场竞争力。日本的汽车曾一度因可靠性差，在美国造成大量退货，几乎失去了美国市场。日本总结了经验，提高了汽车可靠性水平，因此使日本汽车在世界市场上竞争力很强。中国实行改革开放，后又加入 WTO，挑战是严峻的。我们面临的是与世界发达国家竞争，如果我们的产品有高的可靠性，那就能打入激烈竞争的世界市场，从而获得巨大经济效益，促进民族工业的发展；相反，则会被别国挤出市场，甚至失去部分国内市场。由此可见生产高可靠性的产品的重要性。

5.6.3　工业环境要求工业级芯片

芯片一般按温度适应能力及可靠性要求，大致分为四类：商业级（0～70℃）、工业级（−40～85℃）、车规级（−40～120℃）、军工级（−55～150℃）。芯片可靠性指标的严苛程度和温度要求超过商业级别，符合工业级应用即为工业芯片。工业芯片具体应用的场景包括工厂自动化与控制系统、电机驱动、照明、测试和测量等电力和能源传统工业领域，以及医疗电子、汽车、工业运输、楼宇自动化、显示器及数字标签、数字视频监控、气候监控、智能仪表、光伏逆变器、智慧城市等。

工业涉及的应用领域非常广泛，种类繁多，按照工业信号的感知、传输、处理等流程可将工业芯片按产品类型分为计算及控制类芯片（处理器、控制器、FPGA⊖等）、通信类芯片（无线连接、RF）、模拟类芯片（放大器、时钟和定时器、数据转换器、接口和隔离芯片、电源管理、电机驱动等）、存储器、传感器及安全芯片六大类。

⊖　FPGA 为 Field Programmable Gate Array 的简写，译为现场可编程门阵列。

可以说，工业芯片已经成为新工业革命和新基础设施建设的关键支撑，工业芯片的设计和制造水平是衡量一个国家整体制造业竞争力的真正试金石。

目前全球工业芯片市场由欧美日等的巨头企业占据垄断地位，其整体水平和市场影响力领先优势明显。

1. 美国

美国企业优势最为明显，在全球前 50 大工业芯片厂商中，美国企业数量达到 21 家，占据 60% 市场份额。并且在工业用处理器及 FPGA、工业模拟芯片、工业用数字信号处理器（DSP）、工业存储器、工业通信及射频等高端工业芯片领域，美国企业具有市场份额超过 80% 的垄断优势。

2. 欧洲

欧洲方面，英飞凌、恩智浦、意法半导体三家企业在工业用功率器件、MEMS 传感器方面占据引领地位，且正在不断加大在工业应用领域的投入力度。韩国三星凭借在存储器上的优势跻身全球工业芯片前五。

3. 日本

日本瑞萨是工业用控制器的霸主，索尼则是工业图像传感器（摄像头芯片）和机器视觉芯片的全球领先者。

4. 中国

相比之下，我国虽是工业大国，但在基础芯片环节落后。目前，我国已经拥有一批工业芯片企业，数量还是不少的，但总体比较分散，还未形成合力，综合竞争力弱于国外大厂，且产品仍然集中在中低端市场。

不过在电力和高铁等某几个应用领域和功率半导体等产品线，我国已经具有一定的国产替代能力。例如国内 IPM、MOSFET 和 IGBT[⊖]功率器件厂商在高铁和

⊖ IPM 为 Intelligent Power Module 的简写，即智能功率模块；MOSFET 为 Metal – Oxide – Semiconductor Field Effect Transistor 的简写，即金属 – 氧化物 – 半导体场效应晶体管；IGBT 为 Insulated Gate Bipolar Transistor 的简写，为绝缘栅双极型晶体管。

地铁、电动车和充电桩、变频家电和变频空调、保障性安居工程、节能设备以及市政管网建设等领域的应用已经有了一定的突破。

但总体而言，目前国内工业芯片中高端市场被欧美日等的国际巨头企业占据的局面还没有根本性改变。电力能源、轨道交通等关键工业领域芯片自主化率仍不足10%。高端工业计算类芯片如FPGA、高精度数据转换器ADC、多相高效电源管理芯片、通信射频等中高端工业芯片国产化率低于1%。

5G里80%的应用将是物联网应用，而这些物联网应用，都会需要相应的芯片产品，这部分可以说是涉及非常大的市场。华为推出的完全可以自研自产、没有美国元器件的5G工业模组，可以说给未来中国整体的5G产业和全球其他国家的5G产业竞争，打下了坚实的基础。5G工业模组，对于华为而言是异常重要的，甚至可以说对中国的5G整体的产业链都有着非常重大的意义，对中国未来的5G产业在全球市场的竞争可以起到非常大的促进作用。

第 6 章

5G＋智能制造的场景

6.1 AR/VR 助力远程诊断

6.1.1 AR 远程维护

随着工业 4.0 的逐步推进落地，在国家大推信息化产业的浪潮下，AR 产业的兴起宣告了人工智能时代的来临。如何通过 AR 智能交互协助企业一线员工规范工作流程，做好日常巡检、设备维护，进一步提高其工作效率，降低操作错误率，将成为工业高新技术发展的新趋势。

5G＋AR 远程维修作业解决方案，是基于 AR 眼镜、借助 5G 网络进行移动通信传输的新型远程通信与协作系统，它超越传统的音视频通信方式，加入虚实融合的 AR 体验，使远程通信与协作更自然、更智能、更高效，升级了传统的工作交流方式——发现问题时先通过可视化信息"自助"，解决不了时再"求助"。

遇到问题时，佩戴 AR 眼镜的现场人员（见图 6–1），先根据眼镜系统投射到视野前方的信息获得可视化指导帮助，该信息使 SLAM 等技术与实际场景相结合。在信息辅助下依然不能解决问题时，联系远程专家，远程专家通过第一视角画面清晰获知现场情况，协助解决问题。

综上，AR 智能维修平台为一线作业人员提供实时的作业指导，同时提供现场第一视角的高质量音视频传输，让一线工人获取远程专家的实时协作指导，为维修工作赋能，提升巡检维修工作效率，从而带来工业智能维修的变革。

图 6-1　AR 远程维护

6.1.2　VR 远程诊断

5G + VR 开通的远程绿色通道，实现了大带宽提供的稳定网络环境和沉浸式体验的身临其境，能够有效支持远程医疗工作。以抗击新冠肺炎疫情为例，智慧诊疗系统、患者远程观察、视讯交流平台是 5G + VR 线上绿色通道的主要组成部分。

1）智慧诊疗系统。防疫期间为避免交叉感染，各地区可有序地通过村镇、社区卫生服务中心再到大中型医院分级诊疗，通过大中型医院、民营医院、社区卫生服务中心、村卫生站和药店等各级智慧医疗业务平台的有效诊治，使用 VR 技术快速确定是否属于新冠肺炎。这样，在保证准确性的同时不用人挤人排队等叫号，极大地提升了诊疗效率，控制了二次传染。

2）患者远程观察。为有效减少医护人员与患者的直接接触，异地专家医生可借助 5G + VR 进行 360°全方位高清远程诊疗指导，及时助力患者医治与抢救工作，可有效降低医生和家属在治疗和探视期间的感染风险。

3）视讯交流平台。为加快最新数据的上报进度，可建立医院集团—院区—站点三级管控网络，各站点医护人员与居家观察人员可利用 VR 技术进行一对一摸排联系，登记相关信息并上报站点负责人，协助站点负责人及时将最新数据上报至疫情防控领导小组，同时在必要时安排牵头医院专家给予医学指导。

在发热门诊使用 5G + VR 技术，可让医生及时了解防控动态，提高医护人员工作效率；在隔离病区使用 5G + VR 技术，可让家属远程全景进行探视，有机会了解患者的真实情况。

远程医疗下的应用场景可总结为图 6 – 2。

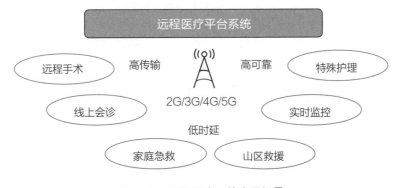

图 6 – 2　远程医疗下的应用场景

6.2　5G 远程控制机器

6.2.1　5G 远程控制挖掘机

2019 年 6 月 26 日，由全球移动通信系统协会（GSMA）主办的 2019 年世界移动通信大会（MWC）在上海新国际博览中心正式开幕，华为在上海现场展示了利用华为 5G 远程遥控挖掘机施工的技术。

驾驶人坐在一个挖掘机模拟器的驾驶位置，身边的设备、控制器和现实挖掘机驾驶室内的布局一样，面前是一个大屏幕监控器，其上的图像是通过 5G 高速网络传过来的，驾驶人非常熟练和稳健地远程遥控挖掘土石方工作，如图 6 – 3 所示。

图 6 - 3　5G 远程控制挖掘机

工地远在河南，工地监控摄像头和相关智能控制设备获取图像与数据，这些图像与数据通过华为 5G 网络传输到上海会场，画面上几个合适的监控角度就让上海会场的驾驶人能方便地控制好挖掘工作，非常流畅，没有卡顿现象。

具备大带宽、低时延、广连接等业务特性的 5G 网络将为垂直行业和万物互联提供更高速、低时延、海量连接各类新型业务。在不久的将来，5G 网络可以重构城市的神经体系，赋能人工智能、人脸识别、大数据分析等技术，重塑城市机能和城市大脑，城市管理将由现在的智能化走向真正的智慧化。

6.2.2　5G 遥控 3D 打印

3D 打印机（见图 6 - 4）是一种基于数字模型文件，运用特殊蜡材、粉末状金属或塑料等可黏合耗材，通过逐层打印制造三维物体的累积制造机械。这种立

图 6 - 4　3D 打印机

体快速的打印对打印技术的革新和发展具有重要意义。但 3D 打印机设备成本昂贵，学校、集中办公场所、高新科技孵化园区等场所，3D 打印资源极其缺乏，而不常打印的小型企业团队等购买 3D 打印机，又无法充分、合理利用。

现有常见的 3D 打印机普遍只能使用 WiFi 进行局域网打印，或者通过 USB 或者 U 盘连接计算机打印，这样大大限制了 3D 打印的功能，并且无法集成统计收费和打印机状态反馈。

对于共用场所内的 3D 打印机，用户无法知悉场所内适用打印机的位置和状态，可供使用的 3D 打印机的区域限制性和权限使用局限性较大；而对于闲置的或不常使用的 3D 打印机，难以实现资源共享利用，造成 3D 打印机资源浪费，不利于打印机资源的充分利用和监管，限制了 3D 打印机的利用效率和实际应用。

基于 5G 网络的远程共享 3D 打印机系统，实现了 3D 打印机的远程监管、3D 打印机共享服务和支付结算，使用户通过手机用户端高效快速地进行 3D 打印任务，这样空闲的 3D 打印机也可以拿来共享，提高了 3D 打印机的利用效率，节省了打印时间，降低了打印成本。

6.3 5G 操控云化机器人

6.3.1 云化机器人的优点

作为云技术应用的重要领域，机器人与云相结合的概念早在 2010 年就已被提出，但始终停留在研究阶段，而且受制于当时的网络技术，始终没有出现大的突破。随着我国在 5G 通信技术上的发力，云化机器人（见图 6 - 5）也迎来了新的发展契机。

2017 年 7 月 10 日，GTI 携手中国移动、软银、华为无线应用场景实验室（Wireless X Labs）、达闼科技、Skymind 共同发布了云化机器人白皮书。该白皮书以 "5G 网络和云化机器人" 为核心主题，针对云化机器人的概念、技术市场趋势、产业链和商业模式等进行了阐述，重点分析了 5G 带给云化机器人的巨大价值和商业机会。

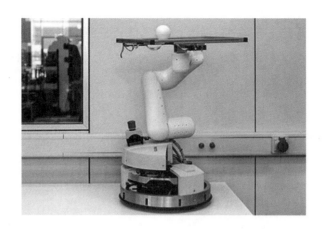

图 6 – 5　云化机器人

白皮书指出，2016 年—2020 年全球云化机器人总出货量将达到 5000 万台；到 2025 年，家庭云化机器人的渗透率将达到 12%，彻底改变人们的生活。从物流机器人到监控机器人，从娱乐教育机器人到家务机器人，云化的优势将逐渐体现出来。

1. 信息和知识共享

一个云端大脑可以控制很多机器人，云端大脑可以汇集来自所有连接机器人的视觉、语音和环境信息，经云端大脑智能分析处理后的数据信息可以被所有连接机器人使用。利用云服务器，各机器人本体获取和处理的信息可以保持最新，并安全备份。

2. 平衡计算负载

一些机器人功能需要较高的计算能力，利用云端平衡计算负载可以降低机器人本体的硬件需求，在保证能力的同时，让机器人更轻、更小、更便宜。

3. 协同合作

通过云端大脑，机器人本体不再独立工作，多机器人可以协同工作，例如共同搬运货物，配合完成一整套工作流程等。

6.3.2 同步更新软件升级

借助云端大脑，机器人可以独立于本体持续升级，不再依赖于本体硬件设备。

6.4 机器人与设备协同

6.4.1 动态感知周边

人类因有眼睛、鼻子、耳朵等感觉器官而获得了视觉、嗅觉和听觉等不同的外部感觉，机器人也因有传感器而看见、听见这个世界。

根据检测对象的不同，机器人用传感器可分为内部传感器和外部传感器。内部传感器主要用来检测机器人各内部系统的状况，如各关节的位置、速度、加速度、温度、电动机速度、电动机载荷、电池电压等，并将所测得的信息作为反馈信息送至控制器，形成闭环控制。

外部传感器用来获取有关机器人的作业对象及外界环境等方面的信息，是机器人与周围交互工作的信息通道，用来执行视觉、接近觉、触觉、力觉等传感器，比如距离测量、声音、光线等。在实现机器人运行的过程中，会涉及视觉、超声波、激光雷达等传感器。

激光雷达（见图 6 - 6）是基于光和激光的距离传感器，凭借激光良好的指向性和高度聚焦性，已经成为移动机器人的核心传感器。同时，它也是目前最稳定、最可靠的定位技术。激光雷达是以发射激光束探测目标的位置、速度等特征量的雷达系统。

图 6 - 6　激光雷达

从工作原理上讲，激光雷达与微波雷达没有根本的区别：向目标发射探测信号（激光束），然后将接收到的从目标反射回来的信号（目标回波）与发射信号进行比较，做适当处理后，就可获得目标的有关信息，如目标距离、方位、高度、速度、姿态，甚至形状等参数，动态感知周边，做出下一步动作。

机器人视觉传感器通常用于工业机器人中，并且可以检测零件是否已到达特定位置。这些传感器有许多不同类型，每种传感器都具有独特的功能，包括检测物体的存在、形状、距离、颜色和方向。机器人视觉传感器为各行各业的协作机器人提供了多项高科技优势。2D 和 3D 视觉都允许机器人操纵不同的部件，无须重新编程，拾取未知位置和方向的物体，并纠正不准确性。

6.4.2　实时协同工作

随着用户个性化需求不断增长，多品种、小批量的柔性化生产方式日趋重要。协作机器人轻便灵活，适用于复杂多样的生产环境，并且使用简单快捷，通过拖动示教在几分钟内即能完成一段抓取程序的设置；能够快速调整生产任务，在短时间内切换到不同生产线的生产流程。基于以上突出特点，协作机器人可提供生产方式更灵活、生产周期更短、量产速度更快的解决方案，顺应了柔性化制造的新趋势。

尽管当前协作机器人（见图 6 - 7）仅占工业机器人市场的很小一部分，但随着生产线柔性化升级的持续加速，未来制造业对协作机器人的需求也将会越来

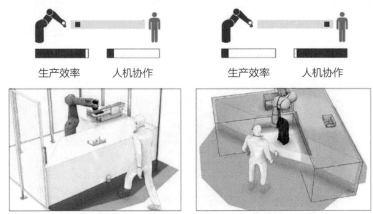

生产效率　　人机协作　　　　生产效率　　人机协作

图 6 - 7　人机协作

越大。据美国市场调研公司 Transparency Market Research 预测，到 2024 年年底，全球协作机器人产业规模将达 950 亿美元，实现年均 30% 的复合增长。

人工智能、高端传感技术与仿生技术增强了协作机器人的工作灵活性与环境适应性。机器视觉可实现协作机器人对工作空间内物品更智能化的定位，高精度的传感器增强了协作机器人对工作空间的主动感知能力，仿生技术则强化了机械臂抓取端的灵敏性。多种技术的融合应用有效提高了协作机器人进行拾取、放置、包装码垛、质量检测等操作的准确度，使其可为汽车零部件生产、3C 电子产品[⊖]制造、金属机械加工等传统工业制造提供高效解决方案，并可应用于科研实验辅助操作、医院药物分拣与配送、物流货物挑拣等工作环节，辅助人类的工作与生活。

6.5 5G 供应链管理

6.5.1 产品溯源

在整个餐饮界，食品安全一直都是备受关注的热点问题。目前，餐饮行业急需更有效的措施去避免食品安全事件的发生，而农产品溯源技术的出现恰好成为解决食品安全问题的新突破口。溯源作为保障食品安全的重要手段之一，近年来频繁出现于公众的视野之中，溯源对于食品安全的重要性显而易见。5G 技术出现，万物互联时代到来，将为各行各业带来思维模式与商业模式的新变化，也为产品溯源的未来带来了更多可能，如图 6 - 8 所示。

信息

土地环境　种植生长情况　采集　加工生产　包装　检验

防伪溯源　结果页　购买　销售　物流

图 6 - 8　产品溯源

⊖ 3C 电子产品即 Computer（计算机）、Communication（通信）和 Consumer Electronic（电子消费产品）的简称。

农产品溯源是从农产品的生产、存储、流通到制作、销售等各个环节进行信息集采，进行质量监督。

农产品溯源用到的 RFID 码、二维码、条码等技术手段都保留有食品的原材料、产地、使用日期等详细的信息。这些编码都是使用物联网技术合成的，每个码中都隐藏着特定的信息。

消费者只需扫码就可以破译出编码的信息，并通过服务器查阅到相应的内容。这种编码解码的过程就是农产品溯源系统的本质所在。此外，溯源码还具有唯一性，即不可能存在两个相同的溯源码，在国家"一物一码"的规定下，溯源码从某种意义上说就是农产品的"身份证"。由于食品行业体量大，类目多，产生的溯源码也很多，这些庞杂的数据就需要一个空间来存储，物联网刚好为农产品"身份证"提供了这样一个平台。

物联网平台的建立，不仅为信息的存储提供了相应的端口，也将各物品编码进行关联，保证了信息的互联。现阶段技术的应用，虽然在一定程度上推动了农产品溯源的发展，但农产品溯源需要记录存储的信息繁杂且庞大，想要将所有农产品的信息迅速、完整地上传到云端并实现互联，则需要更大容量的可输入设备的加入。物联网技术、5G 技术的进一步发展，在一定程度上能够完美解决农产品溯源现阶段存在的问题，为农产品溯源的未来带来无限可能。

6.5.2　物流位置跟踪

物流位置跟踪又名物流追踪（Logistics Tracking），原本是物流企业用来追踪内部物品流向的一种手段，现在向客户开放任其查询成为一种增值服务，通常还是一项免费的服务。

目前的物流追踪大多具有延迟性，而且并非全程无缝。随着业务的发展和用户需求的提升，企业对货物的追踪可视化将有更大的需求。而 5G 将在深度覆盖、低功耗和低成本等方面显露优势。5G 提供的改进将包括在广泛产业中优化物流——提升人员效率，提升安全性，提高商品货物定位与跟踪效率，从而帮助企业最大化节约成本，并实现实时的动态跟踪，如图 6 - 9 所示。

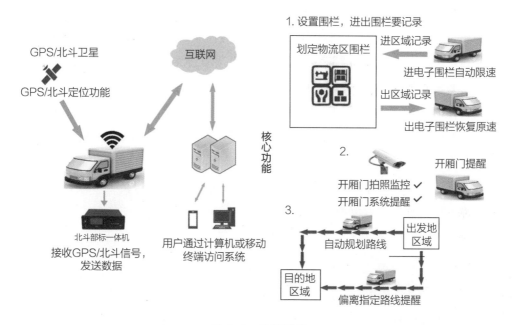

图 6 - 9　物流追踪

目前，各类物流仓库和场站分布着亿万计的摄像头，它们将在 5G 的赋能下从简单的监控回溯设施升级为智能感知设备组成的云监控网络，进而帮管理人员实现智能化的物流管理。

如此一来，基于云计算，融入大数据、人工智能等新技术的低成本视频监控解决方案，可将视频监控画面精准可视化展现，并实时进行监控、计算、分析和预警，为物流运输保驾护航。

6.5.3　物流路线优化

基于 5G 的智慧物流着重体现设备自决策、自管理及路径自规划，实现按需分配资源。通过 5G 低时延的网络传输技术，可建立设备到设备（D2D）的实时通信，并利用 5G 中的网络切片技术完善高时效及低能耗的资源分配，最终实现智能工厂中 AGV 的智能调度和多机协同，让生产过程中与物料流转相关的信息更迅捷地触达设备端、生产端、管理端，让端到端无缝连接。

一套工装智能配送系统包括 AGV 设备（集成叉车功能）、扫码与工卡识别设备、手持终端呼叫设备、调度系统、与工装管理系统信息交互设备、自动充电桩等。在手持终端呼叫设备上将工装信息发送至调度系统，调度系统接收到工人发出的指令得到工人的工位信息、工人的身份信息和物料的信息等，然后调度系统指派适宜的 AGV 至库料区。AGV 上需安装 RFID 识别器，根据调度系统给出的指令，对物料进行自动识别转运。物料从库料区或立体仓库到工位的转运，需要自主规划最优路径到达目的地，利用 5G 传输图像并通过深度学习平台进行实时避障，还需实现自动开关车间升降门；到达工位后，工人通过员工卡或其他扫码设备完成物料登记后方可提取；完毕后，AGV 再根据调度系统指令，继续进行配送或在指定区域休息（自动充电），无须人员干涉分配，这就是基于 5G 的智慧物流供应。

综上，智能配送系统构成可一般化为图 6 – 10。

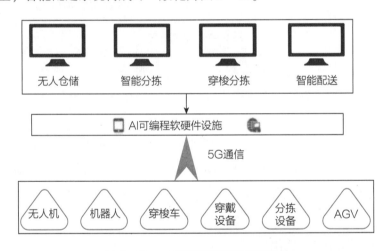

图 6 – 10 一般化智能配送系统构成

6.5.4 库存实时查询

库存实时查询是为了能随时查询公司的营运状况，随时清点公司内的成品和原材料，和定制公司仓储收发作业准则，以便对仓储货品的收发结存等活动进行有效控制，确保仓储货品完好无损、账物相符，确保生产正常进行，规范公司物料的查询作业。在库存管理软件没应用到企业之初，所有的库存都通过手工记录查询，而随着软件行业的发展，特别是 5G 的到来，越来越多的库存管理软件被开发出来并应用到现代化工业中，这大大方便了现代工业的生产效能。

5G 功能特色及优势在于降低了传统的智能立体仓库的时延，提升了智能立体仓库的运算能力，实现了仓储系统的自我运转及功能开发策略的提升。智能立体仓库监测到库位信息后，在边缘端分析生产线中物料的运转情况，利用 5G 的特性极速盘库，实时得出生产线需求及库存信息。同时，智能立体仓库自行发送取货及补货指令给运输装置，即实现了立体仓库端到生产线端及运输设备端的信息互通，整体优化了仓储系统，提高了企业生产效益和现代化管理水平。

6.5.5 物料实时询价

询价即采购人向有关供应商发出询价单让其报价，在报价基础上进行比较并确定最优供应商的一种采购方式。询价工作是投标程序中重要的一环。它有利于投标人优化报价并为报价决策提供依据。承包人询价是一种意向性的行为，并非一定要与所询价的分包人签订分包合同。而接受询问的分包人的报价，同样不必是日后签订分包合同的合同价格。但询价双方，一般应讲求信誉和职业道德。

而在工业互联网领域，5G 把云计算、区块链、物联网关联起来，可以实现软件即服务平台上的软件流程自动调整，生产效率至少可以提升 25%。在机器人领域，5G 可以改进机器人，基于 5G 网络可以实现云端统一调度和直接控制大量机器人，节约机器人的编程成本。目前已有公司通过这种方式，实现 500 个机器人协同作业。5G + 智能供应链管理基于海量网络、即时通信及低时延高可靠性等技术，对物料信息实时追踪，实时询价，可实现连续补货；通过指导式的方式去协调各部分之间的关系，促进立体仓库高效流转，适用于新型柔性制造需求，有助于轻松实现物料实时询价，并及时补货。

6.6　5G 工业培训

6.6.1　VR 机器原理展示

VR 是一种可以创建和体验虚拟世界的计算机仿真系统。它利用计算机生成一种模拟环境，是一种多源信息融合的、交互式的三维动态视景和实体行为的系统仿真，使用户沉浸到该环境中。在 VR 领域里，最被大家所熟知的就是 VR 眼镜了。VR 眼镜是虚拟现实头戴式显示器设备，也可称为 VR 头显。VR 眼镜的主要配置就是两片透镜。VR 透镜是利用成像光学原理设计的，透镜表面设计有平凸（非球面）、双凸和凹凸效果，透镜边缘薄，中心厚。凸透镜能修正晶状体光源的角度，使其重新被人眼读取，达到增大视角、将画面放大、增强立体效果的作用，让人有身临其境的感觉。

VR 眼镜的核心是显示技术。显示技术包括交错显示、画面交换、视差融合。

1. 交错显示

交错显示模式的工作原理是将一个画面分为两个图场：单数扫描线所构成的单数扫描线图场，即单图场；偶数扫描线所构成的偶数扫描线图场，即偶图场。在使用交错显示模式做立体显像时，我们便可以将左眼图像与右眼图像分置于单图场和偶图场（或相反顺序）中，我们称此为立体交错格式。如果使用快门立体眼镜与交错模式搭配，则只需将图场垂直同步信号当作快门切换同步信号即可，即显示单图场（即左眼画面）时，立体眼镜会遮住使用者的一只眼睛，而当显示偶图场时，则切换遮住另一只眼睛，如此周而复始，便可达到立体显像的目的。

2. 画面交换

画面交换的工作原理是将左右眼图像交互显示在屏幕上的方式（见图6–11）。通过电子信号同步，使得 VR 眼镜对应的左眼或右眼一个透光，一个不透光，交替进行，播放的影像与眼镜的频率控制一样，就能使人看到立体的影像。而使用其他立体显像设备则将左右眼图像（以垂直同步信号分隔的画面）分送至左右眼显示设备上即可。

图 6 – 11   VR 眼镜的画面交换原理

3. 视差融合

人之所以能够看到立体的景物，是因为双眼可以各自独立看东西，左右两眼有间距，造成两眼的视角有些细微的差别，而这样的差别会让两眼单独看到的景物有一点点的位移。而左眼与右眼图像的差异称为视差，人类的大脑很巧妙地将两眼的图像融合，产生出有空间感的立体视觉效果在大脑中。由于计算机屏幕只有一个，而人却有两只眼睛，又必须要让左、右眼所看的图像各自独立分开，才能有立体视觉，这时，就可以通过 VR 眼镜，让这个视差持续在屏幕上表现出来。控制电路送出立体信号（左眼→右眼→左眼→右眼，依序连续互相交替重复）到屏幕，并同时送出同步信号到 VR 眼镜，使其同步切换左、右眼图像，即左眼看到左眼该看到的图像，右眼看到右眼该看到的图像，加上人眼视觉暂留的生理特性，人就可以看到真正的立体 3D 图像。

6.6.2   AR 虚拟操作

AR 是一种将真实世界信息和虚拟世界信息"无缝"集成的新技术，是把原本在现实世界的一定时间空间范围内很难体验到的实体信息（视觉信息、声音、味道、触觉等），通过计算机等科学技术，模拟仿真后再叠加，将虚拟的信息应用到真实世界，被人类感官所感知，从而使人有超越现实的感官体验。AR 使真实的环境和虚拟的物体实时地叠加到了同一个画面或空间同时存在。

AR 技术不仅展现了真实世界的信息，而且将虚拟的信息同时显示出来，两种信息相互补充、叠加。在视觉化的 AR 中，用户利用头显，把真实世界与计算机图形多重合成在一起，便可以看到真实的世界围绕着自己。

AR 技术包含了多媒体、三维建模、实时视频显示及控制、多传感器融合、实时跟踪及注册、场景融合等新技术与新手段。AR 技术提供了在一般情况下人类不可以感知的信息。AR 技术可广泛应用到军事、医疗、建筑、教育、工程、影视、娱乐等领域。

1）在工业培训领域，5G + 培训指导以网络为载体，通过结合 AR、人工智能、图像处理等技术，使人员实现更低成本、更高效率的培训和考核。通过具有采集功能的终端，例如 AR 眼镜、手机等设备，以定制化的程序将图像、声音等信息实时通过 5G 高速网络传回至云端培训平台，平台结合定制化的智能分析系统对数据进行分析处理，可实现信息下发、培训及考试情景再现等功能，最终为厂内员工的复杂装配培训提供有效记录，并为追溯人员培训及考核过程中的问题提供数字化纠查能力。

2）采用 5G、AR 技术，结合三维建模、拆装动画，可指导用户远程开展可视化培训。通过 AR 实时标注、智能交互、超清 5G 即时通信等交互手段，能够实现云端与现场实时数据传输，实现远程协助技术人员及时介入，有效提升产品维修效率和装配、维修质量。

3）基于 VR 技术完成设备的虚拟开机流程培训，可有效降低设备实际开机带来的成本。采用三维虚拟表达方式展示工业流水线和工业企业的内部结构，展示工业工厂环境、构成和操作工序，在对应环境中针对动火作业、机器人维修、高空作业、轧机作业等操作要求模拟安全防护的动作和要求，可让培训人员感受厂区环境、工种协同操作、作业流程、安全防护点和要求，同时演示系统能够展示各部件、组件的组成结构、装配关系、运作原理及拆装的流程。

图 6 - 12 所示为汽车 AR 维修示例。另外，通过 5G 技术还能够将工厂和生产线搬进教室，在移动教室实现培训和指导，实现真正意义上的立体化教学。

图 6 − 12　汽车 AR 维修示例

6.6.3　人工智能辅助助手

随着人工智能技术的发展，人工智能辅助助手作为最贴近人们生活的一个人工智能工具，发挥着越来越重要的作用。人工智能辅助助手通常内置对话式人工智能系统，让用户以自然语言对话的交互方式，实现影音娱乐、信息查询、生活服务、出行路况等功能的操作。同时借助人工智能能力，人工智能辅助助手可不断学习进化，了解用户的喜好和习惯，变得越来越"聪明"。

目前，大部分智能手机中都会有人工智能软件个人助理，如小度机器人（百度智能交互机器人）、苹果 Siri（苹果智能语音助手）、Google Now（谷歌的语音助手服务）、微软 Cortana（微软开发的人工智能助理）等。

小度机器人（见图 6 − 13）又叫度秘，是对话式人工智能系统。它可以进行语音识别、机器学习和自然语言处理。用户可以使用文字、图片或者语音与小度机器人进行交流沟通。通过百度的智能交互以及搜索技术，小度机器人可以理解用户的需求，从而反馈给用户需要的信息。

苹果 Siri 是苹果在 iPhone、iPad 等产品中使用的一项智能语音控制系统。通过该系统用户可以轻松地读取短信、设置闹铃以及进行一些手机控制。这个机器人能进行自我学习，理解用户语调和声音，与用户进行对话。此外，这个机器人还能进行实时翻译，通过用户的行为习惯，进行上下文的预测等。

图 6 - 13　小度机器人

Google Now 是谷歌提出的一款应用。这个机器人能对用户进行全面的理解，比如理解用户的各种习惯，以及正在进行的动作。根据这些信息，它会对用户的需求进行反馈。目前，Google Now 已经能够帮助用户通过电话的方式预订饭店、进行理发的日程安排。

Cortana（中文名：微软小娜）是微软推出的一款个人助理软件，可对用户的习惯和喜好进行学习，帮助用户进行一些信息的搜索和日程安排等。这个机器人信息获取的来源包括用户的使用习惯、用户的行为、数据分析等。其数据来源包括图片、电子邮件、文本、视频等。

这些人工智能辅助助手的出现，给我们的生活提供了很大便利。可以预见，在不远的将来，人们可以将自己的生活都交给人工智能辅助助手，让它们来帮忙打理一些琐事，到那时候《钢铁侠》中的贾维斯也不只存在于电影里了。

这些人工智能辅助助手，同样可以应用于工业培训等场景中，可以提升人机交互的易用性，直接用语音命令部分设备进行相关操作。

6.6.4　从 AIQ 说起的机器人配合工作

如果说 IQ 用来测量一个人的智商，EQ 用来评价一个人的情商，那么 AIQ 就是评价一个人对人工智能的认知。数据工程师尼克·波尔森（Nick Polson）和詹姆斯·斯科特（James Scott）曾出版 *AIQ* 一书，他们认为要适应未来"人＋机器"的工作场景，每个人都需要培养 AIQ，提升对人工智能的认知，以便更容易适应科技快速迭代改变的未来。此外，人类还需要有能力去监督人工智能，在"人 + 机器"的协作中成为关键的一环，要做到这一点的前提也是必须对人工智能和数据科学有基本的认知。

培养 AIQ，首先要建立对当下人工智能发展的认知。很多人把人工智能看得神秘莫测，的确现在人工智能可以做很多神奇的事情，如图像识别、语音识别、辅助驾驶、自动翻译等，在一些情况下做得比大多数人还要好。但目前的人工智能仍然并不具备人类的那种聪明，它只听得懂一种语言——数字。

人工智能可以处理各种信息，只要输入的是数字就行。所以人工智能系统要能起作用，需要将各类不同输入都变成可以处理的数字语言，数据工程师把这种过程称为"特征工程学"，就是把图像和语言的数字特征提取出来，变成机器听得懂的语言。

以自然语言识别为例。以前处理语言的思路是自上而下的编程思路，希望灌输给机器所有的语言规则，同时穷尽任何特例。结果几十年语言识别都没有大进步，因为语言其实太随意、太复杂了。人工智能的自然语言识别，完全走了另外一条路，让机器做最擅长的事情，找到文字与文字之间的相关性。机器回答遵循的原理就是，让有相同意思的词对应的数字也类似。当机器可以给每个单词或词组一个描述性的数字后，就可以用数字的加减乘除来帮助算法做出正确的判断。例如，问机器一个问题：英国的伦敦，对应的词应该是意大利的什么？机器就可以这么计算："伦敦 – 英国 + 意大利 = 罗马"，因此得出罗马这个正确答案。

现在的人工智能，无论是亚马逊的 Alexa，或者苹果的 Siri，都并不懂得语言的含义，但是却能准确判断文字之间的相关性。不究原因，只强调结果，人工智能能带来高效率，配合我们工作，而我们暂时不用担心它能和我们有一样的智慧。

第 7 章

关键内容及难点

7.1　智能制造中人才知识结构更迭

当前，全球制造业格局面临重大调整，国内经济发展环境发生重大变化，随着制造业的转型升级，高素质人才的重要性将进一步凸显。国家提出实施《中国制造2025》，坚持创新驱动、智能转型、强化基础、绿色发展，加快了从"制造大国"转向"智造强国"的步伐。在智能制造过程中，人的角色将由服务者、操作者转变为规划者、协调者、评估者、决策者，企业需要的是能够运用与掌握现代信息技术和智能化设备技术、独立完成智能化目标和任务的高素质技术技能人才。目前中国智能装备制造行业高端人才及复合型人才缺口较大，无法满足企业走向智能化的需要。我们对智能装备制造企业的调查显示，58%的企业认为缺乏高素质人才是智能制造商业软环境亟待改善的方面。中国装备制造业技术人才发展现状可以概述为"四多四少"：装备制造业的初级技工人数多、高级技工人数少；传统型技工人数多，现代型技工人数少；单一技工人数多，复合型技工人数少；短期速成的人数多，系统培养的人数少。另外，智能制造业是非常系统性的产业，需要很有眼光的领军人才、高水平的技术开发人才，以及市场运营、社会融资等领域的人才参与行业发展。

综上来看，如图7-1所示，智能制造人才需求主要侧重在以下三个方面：

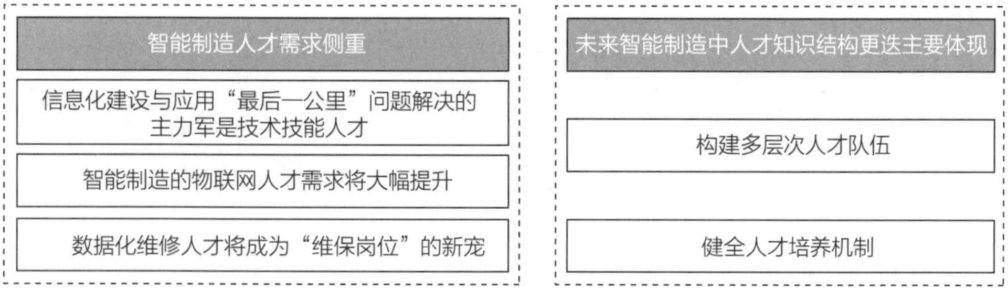

图 7-1　智能制造人才知识结构更迭

1）信息化建设与应用"最后一公里"问题解决的主力军是技术技能人才。企业智能制造的核心之一是 MES 的建设和运行，而生产车间中学习和掌握 MES 的人员中，高职毕业生占绝大多数，他们经过多年的生产实践，在工作中积累了大量生产数据信息，具有丰富的实际生产经验。同时由于自身具备一定的专业知识和技能，他们可以根据生产岗位技术提升的要求，不断开展技术革新和创新。例如，他们能够完成生产工艺路线的选择、工夹具的选择、生产程序设计等，还可以为产品的设计者提供基础的生产流程信息，保证产品设计者的设计不脱离实际，能够在实际工作中完成。与此同时，他们和产品设计者的有效沟通与交流，可以保证设计理念在产品中实现。也就是说，技术技能人才是设计者与生产者的桥梁，是设计理念与科技成果转化的重要力量。只有生产一线高层次的技术技能人才真正融入信息化的建设与应用中，才能保证智能制造的有效推进。

2）智能制造的物联网人才需求将大幅提升。信息与人的结合比较容易实现，但设备与设备、设备与人、设备与云等实现互联互通并非易事。物联网是"两化融合"的切入点，可以大大促进信息化的应用。例如，物联网能让企业从定期维护转向状态检修，也就是说，可按需提供检修服务，而不是基于设定的时间表检修维护设备。这种方式既可提高设备的可靠性，又能有效配置人力资源。因此，实现智能制造需要一大批能够运用物联网技术、依据大数据进行生产和管理的技术技能人才。

3）数据化维修人才将成为"维保岗位"的新宠。"自我发现、自我诊断、自我创造"已成为智能制造的重要标志。企业进行智能化升级改造之后，大量生产人员转向维修保养岗位。但是，设备的维护和保养已不是原来的模式，"在计算机上修设备""用设备修设备"将成为常态。企业要求按照"数据保养""精准维护""远程诊断与维护"等来保障设备的正常运行。因此，企业需要大量的"数据化维修人才"。能够在数据信息指引下快速完成设备维护与保养的人才，将成为企业的新宠。

如图 7-1 所示，未来智能制造中人才知识结构更迭主要体现在以下两个方面：

1) 构建多层次人才队伍。大力弘扬工匠精神，突出职业精神培育。加强智能制造人才培训，培养一批能够突破智能制造关键技术、带动制造业智能转型的高层次领军人才，一批既擅长制造企业管理又熟悉信息技术的复合型人才，一批能够开展智能制造技术开发、技术改进、业务指导的专业技术人才，一批门类齐全、技艺精湛、爱岗敬业的高技能人才。

2) 健全人才培养机制。创新技术技能人才教育培训模式促进企业和院校成为技术技能人才培养的"双主体"。鼓励有条件的高校、科研院所、企业建设智能制造实训基地，培养满足智能制造发展需求的高素质技术技能人才。支持高校开展智能制造学科体系和人才培养体系建设，建立智能制造人才需求预测和信息服务平台。

7.2 复杂场景中的复杂计算

全球已经掀起工业数字化转型的浪潮，在这一转型过程中，数字化是基础，网络化是支撑，智能化是目标。新工业生产在通信协议、性能要求与网络安全等方面有巨大的差异性，很多生产设备与控制系统之间的通信延迟需要控制在毫秒级别，同时企业担心大量的工业数据在无线网络传输中面临安全风险，这促使5G 需要支持边缘计算方案，在靠近数据消费者的地方提供计算、存储与安全能力。相比于集中的云计算服务，边缘计算解决了工业控制时延过长、回程流量过大、数据安全风险高等问题。5G MEC 是一种"使能"网络边缘业务的技术，通过将计算能力下沉到移动边缘节点，提供第三方应用集成，创造出一个具备高性能、低延迟、高带宽的电信级服务环境，是 5G 在行业应用的核心技术之一。

边缘计算是在靠近物或数据源头的网络边缘侧，构建融合网络、计算、存储、应用核心能力的分布式开放体系。通过边缘计算能够"就近"提供边缘智能服务，满足工业在敏捷连接、实时业务、数据优化、应用智能、安全与隐私保护等方面的关键需求。工业互联网边缘计算在关键技术和产业组织上展现了新的发展热点，需要认真研判并从顶层设计、技术布局、标准制定与开源推进等方面抓好发力点，全面布局发展。

工业互联网的边缘计算能够解决工业现场大量异构设备和网络带来的复杂性问题。工业的生产属性体现在两个方面。

1）工业现场的复杂性。工业需要面向市场需求生产多样化的产品，同时工业生产力的发展是积累和逐步升级的过程，这就决定了工业现场必然是复杂和多样的。例如，目前在工业现场存在 30 种以上的不同通信协议。工业设备之间的连接需要边缘计算提供"现场级"的计算能力，实现各种制式的网络通信协议相互转换、互联互通，同时又能够应对异构网络部署与配置、网络管理与维护等方面的艰巨挑战。

2）工业系统控制和执行对计算能力实时性和可靠性的高要求。工业互联网的边缘计算要解决工业生产的实时性和可靠性问题。在工业控制的部分场景，计算处理的时延要求在 10ms 以内。如果数据分析和控制逻辑全部在云端实现，则难以满足业务的实时性要求。同时，在工业生产中要求计算能力具备不受网络传输带宽和负载影响的"本地存活"能力，避免断网、时延过大等意外因素对实时性生产造成影响。边缘计算在服务实时性和可靠性方面能够满足工业互联网的发展要求。

边缘计算需要提供工业转型升级所需的"设备开放，数据共享"的新能力。当前工厂内部的大部分工业生产设备还是"哑设备"，这些设备一方面通常采用软硬件一体化封闭系统，这就造成设备采集的生产过程数据无法共享出来；另一方面，由于设备厂家的多样性，设备数据的标准不一致，相互之间无法互认，数据无法发挥更大的作用。实际上，工业互联网所要求的智能化生产、网络化协同、个性化定制和服务化延伸,都需要边缘计算改变工业现场"哑设备"的情况,实现数据的开放和统一。

7.3 商业模式创新问题

第四次工业革命已经拉开序幕,全球制造业正面临智能制造的技术革命,将引发制造业商业模式的重大变革。

因为技术潜在的经济价值必须通过商业模式创新来实现,而商业模式创新要求企业建立启发式逻辑,并把技术与其蕴含的潜在经济价值联系起来,新产品研制计划必须与商业模式有机整合,才能确保新产品走向市场并获取价值。

如果技术管理者没有做到这一点,那么这些新技术所产生的价值将会远远低于其本应产生的价值。在这样的背景下,我国制造业正处于转型升级的关键期,面临着新一轮的洗牌和调整。因此,企业应适应智能制造的时代背景,适时进行商业模式创新,实现向价值链高端环节的跃迁。

商业模式创新可总结为图 7 – 2。

坚持以客户为中心
- 5G商业模式要取得成功,就必须取悦客户、成就客户、帮助客户成功,所有这一切就必须始终坚持以客户为中心,为客户创造价值

坚持开放合作
- 加强与产业链合作伙伴、客户和政府的广泛合作是5G商业模式创新的关键

坚持应用创新
- 5G商业模式创新本质就是打造好的产品,这需要运营商聚焦客户需求、应用场景、行业应用,始终站在客户的角度,帮助客户解决问题,创造和满足客户差异化、多样化需求,不断提升客户体验

坚持商业模式创新与技术创新的有效结合
- 只有商业模式创新与技术创新双轮驱动、有机结合,5G+智能制造产业才能实现爆发式增长

图 7 – 2　商业模式创新

1. 坚持以客户为中心

客户界面设计是智能制造背景下商业模式创新的核心。简单、便捷、智能的

界面可以提高用户操作效率，打破用户操作界面时空限制，从而更好地满足客户价值主张，吸引更多的潜在客户。

满足客户价值主张是商业模式创新和创新产品研发设计的前提。因为只有确定了客户的价值主张及满足方式，才能进行准确的市场定位、关键资源能力配置、客户界面设计及价值链重构。

5G 商业模式要取得成功，就必须取悦客户、成就客户、帮助客户成功，所有这一切就必须始终坚持以客户为中心，为客户创造价值。

2. 坚持应用创新

5G 以其先进的技术优势渗透于人们的生产生活，为 5G 时代的应用创新打开了无限想象空间。5G 产品主要包括连接、终端、服务、行业应用整体解决方案等。5G 商业模式创新本质就是打造好的产品，这需要运营商聚焦客户需求、应用场景、行业应用，始终站在客户的角度，帮助客户解决问题，创造和满足客户差异化、多样化需求，不断提升客户体验。行业应用是 5G 发展的重要市场，5G 商业模式创新应重点围绕工业互联网、远程医疗、智慧教育、智能交通、智能农业、智慧物流、智慧家庭以及人们的生活需求开展应用创新，加速推进 5G 与人工智能、大数据、物联网等融合，实施 5G + 计划，催生更多的新产品、新业态、新模式、新产业。

3. 坚持开放合作

好的赢利模式是商业模式成功运营的关键。企业可以设计一种按照创造的即时价值进行分配的赢利模式，这样就可以降低客户使用的风险和成本，提高企业自身及其利益相关者的资金周转率和对产品正常运行的服务热情，从而增强平台的黏性。吸引更多的客户和利益相关者加入企业智能制造的价值网络，而企业智能制造价值网络边界的扩大则会进一步提高企业、客户及利益相关者的赢利能力。因此，加强与产业链合作伙伴、客户和政府的广泛合作是 5G 商业模式创新的关键，构建 5G 发展的新型生态，走出一条融合发展的创新路，赋能生态合作伙伴，从而为客户提供行业应用的整体化解决方案。

4. 坚持商业模式创新与技术创新的有效结合

iPhone 取得巨大成功，不仅是因为苹果公司采用了新技术，更是因为它把新技术与卓越的商业模式有效结合起来。苹果公司真正的创新，是让客户获得极致体验，苹果公司开创了"硬件 + 软件 + 服务"一体化的商业模式，从而引领智能手机的革命。360 安全卫士之所以在杀毒软件市场处于领先地位，不仅是因为它在技术上领先，更是因为它推出了永久免费的商业模式。只有商业模式创新与技术创新双轮驱动、有机结合，5G + 智能制造产业才能实现爆发式增长。

7.4 产业互联网呼唤新的 BAT

所谓"产业互联网"，是与消费互联网相对应的概念，它指的是应用互联网、物联网、大数据、云计算、人工智能等新技术进行连接、重构传统行业。产业互联网既是中国互联网发展的下一个趋势，也成为传统企业"过寒冬、练内功、提效率"的最重要手段。

正如企业家李开复所说，B2B 行业未来可期，它带来的不仅是效益的提升，更是产业链的变革机遇。

B2B 业务的爆发式增长，也从侧面折射出 B2B 平台解决了中国中小企业当前急迫提质增效的需求，才迎来如此迅猛的发展。

2019 年 B2B 电商行业持续升温，成为产业互联网时代的强"吸金"领域，迎来黄金发展期，ToB 已经成为目前互联网发展的"主旋律"，互联网主战场正从 ToC 转向 ToB。

当前我国经济发展过程中出现了产能过剩、库存高企、成本过高等问题，这已经成为制约经济高质量发展的重要因素。

随着经济进入新常态阶段，我国明确地提出供给侧结构性改革、工业 4.0 等战略，优化产业结构、提升产业质量。经济寒冬下，企业呼唤新的 BAT 这样的代表企业，如图 7 - 3 所示。

图 7 – 3 产业互联网呼唤新的 BAT

未来，互联网的发展机遇似乎已在产业互联网涌现。目前来看，5G 视频直播、5G 超高清视频、VR/AR 带来的沉浸式体验成了时下最热门的应用，而车联网、远程医疗、工业互联网等领域也在蓄势待发。不可否认，最具潜力成为下一个 BAT 的企业就潜藏在这些应用赛道之中。

5G 是三十年一遇的大变化，很多产业和模式将被颠覆。人工智能、自动驾驶、物联网、云计算、大数据、AR/VR 等将基于 5G 得到更长足的发展，将是伟大企业诞生的温床。

7.5 科学管理理论如何从"管人"到"管机器"升级

1. 管理变革之一：从管"人"到管"物"

在工业社会中，企业面对的环境相对简单稳定，生产采用大机器流水线运作方式，生产的产品单一化、标准化，顾客需求被动适应产品。企业实行层级式的官僚机构，企业管理者更多关注计划和控制，追求的是生产工具的变革和生产效率的提高。

随着物联网时代的到来，工业互联网下企业的生产模式将发生巨大的变化，原来依靠人的生产制造模式逐渐被机器所取代。虽然现有的机器设备自动化程度和智能化程度还不太高，但"机器替代人"的生产模式和场景将会越来越多。

管理实践将逐渐由管"人"逐渐过渡到管"物",人的创新性和创造性将前所未有地得以释放。随着产品的安全生产、产品质量的可靠性不再取决于对人的科学管理,更多通过生产设备的安全性、可靠性以及运行效率来实现,对生产工具——设备、设施的管理(即管"物")将成为管理的必然。

不同于工业时代的人越来越像机器,物联网时代的机器则会越来越像人,像人一样去学习。工业的核心是人与设备。随着设备的自动化水平不断提高,人在生产过程中的参与不断减少,因此设备在生产过程中的重要性不断提升。工业4.0时代对"物"提出了更高要求,要求设备不仅仅具备自动化功能,还应具备感知外部环境和自身变化的自省能力,与其他设备进行交流、比较和配合的自协调能力,根据自身运行状态和活动目标进行诊断和优化的自认知能力,以及按照分析结果通过控制器自动调节运行状态的自重构能力。因此,具备多种能力的设备对"物"的管理提出了更高要求,管理也将实现从对"人"的管理转变为对"物"的管理。

2. 管理变革之二:从控制到赋能

传统企业的组织运营是金字塔层级结构,层次多,权力距离大,上下级沟通不畅,容易滋生等级官僚作风,束缚了员工的创造力和行动力,不利于企业有效灵活地应对外部多变的市场环境。

而扁平化的组织结构要求管理者下放管理权限,建立分权决策和参与制度,给员工更多自主权,发挥主观能动性和工作效能,激发员工的主动行为,自发为组织做贡献,成为管理的新方向。

随着物联网时代的万物互联,企业之间的竞争模式将从产品竞争升级为生态体系的竞争。企业只有两种选择:要么构建一个生态,要么成为生态圈里的一员。工业时代的管理在当今这个复杂多变的环境里,越来越无能为力,工业时代的管理正在终结。管理需要在物联网时代提供新的范式,一种基于共享价值的新范式。

物联网带来的个体价值的崛起和市场环境的快速变化,促使整个组织管理需要转型。当组织能够为个体提供价值和贡献的时候,这个组织就会有持续的生命力。因此，物联网时代的管理新范式需要的是"赋能"，而不是"控制"。管理的价值正在被重新定义，每个管理者都必须做出改变。

例如，广受关注的海尔"人单合一"组织方式，信息技术赋能功不可没。赋能包括心理赋能、组织赋能和信息技术赋能。心理赋能是从微观视角出发，基于员工对工作角色感知的心理动机结构。组织赋能是从管理实践的角度出发，通过组织、领导和经理人的干预以及实践，达到激发员工个人动机的目的。组织赋能只有被员工感知到才能真正地提高员工的工作效能。信息技术赋能指的是信息技术的使用使得个人或组织获得了过去所不具备的能力，实现了过去不可能实现的目标。赋能与传统的授权不同。

首先，赋能所提及的"能"不仅是权力还包括能力；而授权仅局限于职权，是基于对人的控制和管理的视角。其次，赋能的过程不仅是将"能"下放，还包括创造性地增加总体的"能"；而授权仅仅是将总体权力在可控范围内的分散。因此，赋能是不同于传统授权的一种新的管理方法。

工业互联网使得海量数据可被获得。随着数据量的爆炸式增长，工业大数据已成为与实物资产和人力资本同样重要的生产要素。人们开始从以控制为出发点的信息技术时代，走向以激活生产力为目的的、实现价值回归的大数据时代。工业大数据具有对今天的商业模式进行创造性破坏的潜能，数字化和工业大数据打破了行业壁垒，并创造了新的机会，摧毁了以往成功的商业模式。敏捷的、具有创造性的企业，能够沿着数据价值链，借助工业互联网平台的赋能，通过获取、提炼和利用工业互联网所形成的工业大数据而创造商业价值。

3. 管理变革之三：微笑曲线从 U 形到抛物线形

1992 年，台湾宏碁创始人施振荣为"再造宏碁"提出了著名的"微笑曲线"（Smiling Curve）理论，也称附加值理论。微笑曲线中间是制造，左边是研发，右边是营销。企业向价值链的上下游延伸，向上延伸使得企业进入基础产业环节或技术研发环节，向下游拓展则进入市场销售环节。简言之，微笑曲线是以附加值的高低看待企业竞争力。

企业只有不断往附加值高的研发与营销方向移动和定位，才能永续运营。因此，未来企业应朝微笑曲线的两端发展，也就是加强研发与设计以及以客户为导向的营销与服务，才能争取竞争的主动，扩大附加价值与利润空间。传统的微笑曲线是一个 U 形曲线，而处于凹陷位的最低区域是生产制造。

因为工业互联网中工业大数据的作用，可以去中间化，使中间环节截留的利润分流到设计、生产制造、服务领域，从而吸引更多社会资源投入创新的研发、设计和精细化生产制造中。而过去持续依赖市场信息的高度不对称，并通过图片、文字、视频等模糊信息进行市场推广和宣传的营销环节以及中间代理环节将逐渐走向没落。

因此在工业互联网所构建的工业信用体系作用下，传统微笑曲线必然改写，将从重营销的 U 形变成轻营销的抛物线形。工业互联网下微笑曲线由 U 形变为抛物线形。

设备的安全可靠制约着生产过程中产品质量的高低，以及依约依时高质量的产品交付。通过工业互联网，以设备为切入口，企业可以获得海量的设备运行及状态数据，尤其是设备运行过程中的异常数据，通过透视和深度挖掘，企业能清楚地了解产品的质量高低，解决了过去被动依赖人工抽检带来的局限。

综上，工业互联网下，厂商将逐步从以往注重投入资金通过市场品牌推广、广告宣传等手段堆积"品牌价格"，转变到注重产品创新与工艺研发、精准制造的资源投入以及设备的精准管理等手段追求"品牌价值"。利用工业互联网，供需双方通过大数据的直接精准对接，实现精准销售，去中间化，使中间环节截留的市场利润流向供需两端，这必将引导大量的社会资源回归到生产制造领域，合理调配社会资源，并最终形成良性的经济循环。工业互联网下，微笑曲线将从 U 形改写为抛物线形，供需将从价格判断转到价值回归。

4. 管理变革之四：从重视"市场推广"到重视"工业信用"

在工业互联网环境下，通过工业大数据将构建一个巨大的"工业信用体系"。工业互联网利用先进的 CPS、物联网、大数据等新一代信息技术，将原本市场看不见的那只手（市场调节机制）实现数据化、显性化、网络化。

通过工业大数据的分析，可让供需双方的关系变得透明，并借助工业互联网数据传输的敏捷性、准确性、及时性等特点，引导市场快速进行要素配置，最终达到供给侧改革的要求，提高供给质量，引导结构调整，矫正要素配置，扩大有效供给，提高供给结构对需求变化的适应性和灵活性。

因此，工业互联网本质上是一个工业信用载体。通过工业互联网的"工业信用"，将大大减少生产过程中设备与生产管理的信息不对称、网络中生产协作的信息不对称、供应链供需双方的信息不对称、制造者与使用者之间以及设计者与使用者之间的信息不对称等，促使用户逐渐从"产品价格"判断理性回归到"产品价值"购买的本质上。

目前以淘宝模式为代表的消费互联更多依赖品牌推广、市场宣传等手段，以及"点赞式"的消费者使用评价。这些营销手段主要依赖文字叙述、图片视觉、新闻热点、形象宣传以影响人们对产品的认可度。而真正产品的内在价值，如工艺水平、质量高低以及使用后的故障率、返修率等使用数据，一般用户均不得而知。如今电商"水军"点赞评价的方式盛行，商家网络排名也主要取决于推广费用的投入水平（包括"水军"的市场操作）。为了争得网络排名，大量电商企业不惜高价雇用"水军"，夸大产品功能、策划网络炒作，无形中误导了用户的购买意愿。

工业互联网可以很好地解决这个难题，通过工业大数据精准对接产生的交易，借助供需双方精准数据对接来实现"按需匹配"。因此，企业必将从过去重视"市场推广"转变到重视"工业信用"。

参考文献

［1］余晓娟. 中国制造业现状分析及对策［J］. 现代商业, 2009（17）：50－51.

［2］张锐. 锻造制造强国之策［N］. 中国青年报, 2016－03－28（2）.

［3］方昌德. 航空发动机的发展历程［M］. 北京：航空工业出版社, 2007.

［4］魏际刚. 制造业升级七大路径［J］. 瞭望, 2020（21）：31.

［5］佚名. 苗圩：《中国制造2025》的内容可以归纳为"一二三四五五十"［J］. 国防科技工业, 2015（6）：15.

［6］李嘉骏. 5G技术发展的现状研究［J］. 无线互联科技, 2020（1）：12－13.

［7］余建斌. 智能化, 释放发展新动能［N］. 人民日报, 2020－07－13（5）.

［8］刘明. 5G时代的物联网发展与技术［J］. 电子技术与软件工程, 2018, 140（18）：18.

［9］佚名. "中国制造2025"智能工厂的五大趋势［J］. 企业管理实践与思考, 2016（4）：6－7.

［10］万志远, 戈鹏, 张晓林, 等, 智能制造背景下装备制造业产业升级研究［J］. 世界科技研究与发展, 2018, 40（3）：316－327.

［11］汪龙江, 陈珊. 5G为智能工厂提升效能 5G产业联盟赋能美好未来［N］. 人民邮电报, 2019－04－29（4）.

［12］周睿. 打造透明工厂 实现智慧制造［J］. 物流技术（装备版）, 2012（5）：32－35.

［13］王继良. 产品要执行可靠性标准［J］. 机械, 2001（2）：66.

［14］吴晨. 活在AI时代［N］. 经济观察报, 2018－10－08（890）.

［15］胡世良. 5G时代 商业模式创新的六大要素［N］. 中国邮电报, 2019－07－05（7139）.

［16］王玮, 杜书升, 曹溪. 工业互联网引发的"颠覆式"管理变革［J］. 清华管理评论, 2019（3）：68－71.